Reibung und Cohäsion der Erdarten.

Alte und neue Versuche

über

Reibung und Cohäsion von Erdarten

von

Ferdinand Loewe,

Docent der Ingenieurwissenschaften an der polytechnischen Schule
in München.

München 1872.

R. Oldenbourg.

Vorrede.

Versuche über Cohäsion und Reibung der Erdarten sind bis jetzt nur wenige ausgeführt worden und auch diese nicht in zusammenhängender Reihenfolge. Es wird desshalb eine grössere Zahl von Versuchen nach einer bisher noch nicht zur Anwendung gekommenen Methode nicht unerwünscht sein.

Ich habe dieselben auf Veranlassung meines hochverehrten Lehrers und Vorstandes, Herrn Direktor Dr. Bauernfeind, ausgeführt, welchem ich auch die Ueberweisung eines für solche Arbeiten bestimmt gewesenen Fonds verdanke.

Mit den neuen Versuchsreihen ist eine direkte Prüfung der von Coulomb begründeten Theorie des Erddruckes ermöglicht. Vielleicht können sie auch noch zu anderen Zwecken benützt werden.

München im Juli 1872.

F. Loewe.

Inhaltsverzeichniss.

1. Abschnitt.

Die bisherigen Versuche über Reibung und Cohäsion der Erdarten.

II. Abschnitt.

Neue Versuche über Reibung und Cohäsion der Erdarten.

I. Abschnitt.

Die bisherigen Versuche über Reibung und Cohäsion der Erdarten.

———

1. Capitel.
Die bis jetzt zur Anwendung gekommenen Methoden der Untersuchung.

Die theoretischen Formeln für den Erddruck enthalten mehrere, durch allgemeine Zeichen eingeführte Constanten, welche die in Betracht kommenden physikalischen Eigenschaften der Erdarten auszudrücken bestimmt sind, nämlich

1) das absolute Gewicht der Cubikeinheit Erde,
2) den Winkel, nach welchem sich die frei aufgeschüttete Erde abböschen würde, wenn sie keine Cohäsion besässe,
3) die Kraftgrösse, welche bei Abscheerung eines Erdprismas mit dem Querschnitt gleich der Flächeneinheit, die Cohäsion überwindet.

Der Werth dieser Constanten wird nicht allein durch die Verschiedenheit der Erdarten bedingt, sondern er ist auch bei einer und derselben Art noch von den mannigfaltigsten Verhältnissen abhängig. Seine Kenntniss ist nöthig, sobald die Formeln in speciellen Fällen Anwendung finden sollen.

Es werden nun in diesem Capitel die zur Auffindung der Constanten gebräuchlichen Methoden ihrem Wesen nach

kurz besprochen, hierauf im folgenden Capitel die durch sie
gewonnenen Resultate gegeben werden.

Das absolute Gewicht, die erste der drei Constanten,
fand man immer durch mehrmals wiederholte Wägung eines
beliebig gewähltes Volumens Erde.

Durch den Winkel, nach welchem sich das cohäsionslos gedachte Erdreich abböschen würde, ist die Reibung
der Erdtheilchen auf einander bestimmt, d. h. der Widerstand,
den dieselben in Folge ihrer rauhen Oberfläche einer Kraft
entgegensetzen, welche sie über einander hin zu verschieben
sucht. Dieser Widerstand ist erfahrungsgemäss unabhängig
von der Grösse der Berührungsfläche, dagegen einfach proportional dem Normaldruck, und sein Verhältniss zum Normaldruck, oder der Reibungscoefficient (f), entspricht der
trigonometrischen Tangente jenes sogenannten Reibungswinkels (α), welcher oben als zweite Constante aufgeführt worden ist.

Die Bestimmung desselben geschah bis jetzt auf dreierlei
Weise. Einmal suchte man vorerst den Reibungscoefficienten durch Messung der Kraft, welche aufgewendet werden
musste, um eine Erdmasse von bekanntem Gewicht über
eine andere hin zu verschieben, und berechnete sodann den
gewünschten Reibungswinkel aus der Gleichung

$$tg\,\alpha = f \qquad\qquad (1$$

Die beiden anderen Methoden bezweckten eine direkte
Bestimmung des Reibungswinkels. Eine von ihnen bestand
im wesentlichen in der Bildung einer schiefen Erdebene,
deren Neigungswinkel gegen den Horizont beliebig geändert
werden konnte, und in der Messung jener Neigung derselben,
bei welcher ein oben aufgelegtes Erdprisma gerade zu gleiten
begann.

Nach der anderen Methode häufte man die Erde in
lockerem Zustande, nach möglichster Aufhebung des Zu-

sammenhangs zwischen den einzelnen Theilchen, auf einer horizontalen, rauhen Fläche an und beobachtete den kleinsten Winkel gegen das Loth, nach welchem man die Erde abzuböschen im Stande war.

Die Cohäsion oder die Kraft, mit welcher die Theilchen unter sich zusammenhängen, wird einfach proportional der Trennungsfläche und unabhängig vom Normaldruck angenommen. Zu ihrer Bestimmung waren bisher zwei Wege gebräuchlich. Der erste und zunächstliegende war der, sie aus der Kraft abzuleiten, welche zum Abscheeren eines Erdprismas von bekanntem Querschnitt angebracht werden musste. Einen zweiten Weg eröffnete Prony*) im Jahre 1802, als er den Zusammenhang der Cohäsionsgrösse mit der lothrechten Abstichshöhe nachwies durch Aufstellung der Gleichung

$$c = \tfrac{1}{4} g h_0 \cdot \operatorname{tg} \frac{\tau}{2} \qquad (2$$

worin c die gesuchte Cohäsion per Quadrateinheit,

g das Gewicht der Cubikeinheit Erde,

h_0 die lothrechte Abstichshöhe,

τ das Complement des Reibungswinkels bedeutet.

Man suchte jetzt nur die Höhe h_0, auf welcher sich die Erde bei seitlicher vertikaler Abgrenzung gerade noch erhalten konnte, ohne einzustürzen, sodann die Grössen g und τ, und berechnete mit denselben die Cohäsion c aus der Gleichung (2).

Etwas bequemer wurde der eben beschriebene Weg, als Français**) die Formel Prony's verallgemeinerte durch Einführung der Cohäsionshöhe für eine beliebige Abstichsrichtung. In seiner Formel

---

*) Prony, Recherches sur la poussée des terres.

**) Die Originalabhandlung findet sich im Mémorial de l' officier du génie, Nr. 4, 1820, eine deutsche Uebersetzung davon in Martony de Köszegh, Versuche über den Seitendruck der Erde, Wien 1828.

4

$$c = \tfrac{1}{4}\,\text{gh}' \cdot \frac{\left[\text{tg}\left(\frac{\tau + \varepsilon}{2}\right) - \text{tg}\,\varepsilon\right]^2}{\text{tg}\left(\frac{\tau+\varepsilon}{2}\right)\left[1-\text{tg}\varepsilon\,\text{cotg}(\tau+\varepsilon)\right]} = \tfrac{1}{2}\,\text{gh}'\frac{\sin^2\left(\frac{\tau - \varepsilon}{2}\right)}{\sin\tau\cos\varepsilon}$$

(3

haben wieder die Grössen c, g und τ dieselbe Bedeutung
wie oben, ε bezeichnet den Winkel der gewählten Abstichsrichtung mit dem Lothe und h' die lothrecht gemessene Höhe,
auf welcher sich die Erde noch erhalten kann, wenn sie
nach jenem Winkel abgeböscht wird. c berechnet sich auch
hier wieder aus der Gleichung (3), nachdem g, τ und die
einem angenommenen Winkel ε entsprechende Höhe h' gefunden sind.

Auf den ersten Blick möchte es nun scheinen, als ob
Reibung und Cohäsion einer Erdart ohne Schwierigkeit in
jedem Falle gefunden werden könnte, weil ja die Methoden,
nach welchen dabei verfahren wird, so einfacher Art sind.
Es wird sich jedoch bei näherer Betrachtung herausstellen,
dass sich dieselben in den allermeisten Fällen als unzureichend erweisen und nur in einigen wenigen, besonderen Fällen
ein befriedigendes Resultat liefern.

2. Capitel.

Die bisher angestellten Versuche im einzelnen und die Resultate derselben.

Bestimmung der Reibung durch Aufsuchen des Reibungscoefficienten.

Es sind hier zunächst einige Versuche von Martony de
Köszegh*) zu erwähnen, welche er im Zusammenhange
mit grösseren Arbeiten über den Seitendruck der Erde im
Jahre 1827 im Auftrage des Erzherzogs Johann ausführte.

---

*) Versuche über den Seitendruck der Erde, Wien 1828.

Er bediente sich dabei eines sehr einfachen Apparates. Auf einer horizontalen Tischplatte war ein viereckiger Rahmen angebracht, aus niedrigen Brettchen gebildet, auf welchen ein anderer von gleicher Breite, aber etwas geringerer Länge gesetzt werden konnte, so dass sich beide mit abgerundeten Flächen berührten. An dem oberen, beweglichen Theil war eine Schnur befestigt, welche horizontal über eine Rolle lief und an ihrem Ende eine Wagschale trug. Beide Rahmen wurden mit der zu prüfenden Erde gefüllt und auf einander gesetzt, hierauf das Gewicht bestimmt, welches ein Verschieben derselben über einander hin bewirkte. Der Quotient aus diesem Gewicht und dem des oberen Rahmens sammt Füllung ergab den gewünschten Reibungscoefficienten. Nach den Erfahrungen Martony's war dieser Apparat unbrauchbar zur Untersuchung lockerer Erde, weil sich diese bei der Bewegung des oberen Rahmens vor demselben zusammenschob, so dass neben der Reibung gleichzeitig auch noch eine gewisse Cohäsion überwunden werden musste. Dagegen ergaben sich nach seiner Ansicht ganz brauchbare Resultate, wenn man die Erde im festgestampften Zustande untersuchte.

Hierzu muss bemerkt werden, was von verschiedenen Seiten schon geltend gemacht worden ist, dass nämlich ausserdem immer noch die Reibung der Holzwände auf einander störend eingewirkt hat, besonders da das obere Erdprisma nicht mit seinem ganzen Gewichte gehörig in Rechnung kommen konnte, vielmehr ein Theil desselben in Folge seitlicher Reibung an den Rahmenwänden auf diese übergehen musste.

Martony hat fünf Mal, wie später ausführlicher angegeben wird, die Cohäsion festgestampfter Erde untersucht, wobei sich nebenher auch die Reibung derselben ergab. Ich habe ihre verschiedenen Werthe in der nachstehenden Tabelle berechnet, da Martony selbst, meines Wissens, keine Notiz davon genommen hat.

Tabelle 1.

Versuche von Martony.

Versuchs-Nr.	Zeit	Bezeichnung der Erdart.	Beobachtete Grössen in Wiener Pfd.				Berechnete Grössen.	
			Gewicht 1 Kubikfusses Erde		Gewicht des gefüllten oberen Rahmens.	Reibungswiderstand.	f.	α.
			locker.	festgestampft				
26	11. Juni	**Festgestossene Dammerde.*)** a) staubtrocken .	79,56	89,92	64,82	43,0	0,6633	33° 33'
49	17. Sept	b)natürlich feucht . .	70,75	94,40	67,62	66,0	0,9760	44° 18'
—	10. Aug.	**Festgestossener Lehm.** a) staubtrocken .	85,00	89,60	64,62	57,0	0,8821	41° 25'
—	17. Aug.	b)natürlich feucht . .	77,70	107,00	75,50	83,7	1,1086	47° 57'
—	20. Juni	**Festgestossener Lehm mit Kies.** a)natürlich feucht . .	88,00	110,40	77,62	70,0	0,9018	42° 3'

Einen Apparat derselben Art, jedoch in mehrfacher Hinsicht verbessert, benützte Herr Oberbaurath Hagen**).

---

*) Das Eigengewicht des oberen Rahmens war 8,62 Pfd. und sein Inhalt betrug 0,625 C'.

**) Dr. G. Hagen, Handbuch der Wasserbaukunst, 2. Theil, 1. Bd., Königsberg 1844.

Eine Reibung der Holzwände auf einander war bei demselben nicht vorhanden, indem der obere Rahmen auf Walzen
ruhte, und die seitliche Reibung der Erde wurde wenigstens
sehr vermindert durch Annahme einer geringen Höhe für
den beweglichen Rahmen, sowie durch Belastung der in ihm
enthaltenen Erdmasse mit besonders aufgelegten Gewichten.

Die Resultate, welche Herr Hagen bei grosser Sorgfalt
mit einem ganz gleichmässigen, fast cohäsionslosen Sand er-
zielte, waren verhältnissmässig sehr gut. Er fand nämlich
für schwarzen Streusand mit Körnern bis zu $^1/_7$ Linie Durchmesser, welcher im trocknen Zustande bei möglichst lockerer
Aufschüttung ein Gewicht von 2,82 Loth per Kubikzoll besass, die Werthe

$$\tau = 64^0 \ 50', \ 66^0 \ 9', \ 63^0 \ 45',$$

jeden als Mittel aus 3 Beobachtungen, sohin im Durchschnitt

$$\tau = 64^0 \ 55'$$

Auf gleiche Weise ergab sich für den weissen, feinen,
staubartigen Sand aus der Umgegend von Berlin, von welchem 1 Kubikzoll 1,87 Loth wog,

$$\tau = 57^0 \ 39'$$

Bei diesen Versuchen zeigte es sich, dass selbst bei
so gleichmässigen Materialien, wie sie hier vorlagen, nur
schwer der richtige Moment zu erkennen ist, in welchem das
Gewicht auf der Wagschale sammt deren Eigengewicht gerade der Reibungsgrösse entspricht, denn es tritt nicht etwa
ein entschiedenes Gleiten ein, sondern zuerst eine fast un-
merkliche, schwer zu beurtheilende Bewegung, dann aber
einzelne Rucke und Stösse, welche keinen sicheren Schluss
zulassen.

Bestimmung der Reibung durch Aufsuchen des
Reibungswinkels.

Wie früher bemerkt worden ist, war das Verfahren hierbei ein doppeltes. Die Beschreibung des einen, wenig ge-

bräuchlichen, bei welchem das Gleiten eines Erdprismas auf einer schiefen Erdebene beobachtet wurde, findet sich in dem schon erwähnten Werk über den Seitendruck der Erde von Martony. Demnach bediente er sich eines Apparates, sehr ähnlich jenem von ihm zur Erhebung des Reibungscoefficienten benützten.

Auf einer, diessmal um eine horizontale Axe drehbaren Tischplatte, welcher bei dieser Einrichtung beliebige Neigungen gegen den Horizont gegeben werden konnten, war wieder ein viereckiger Rahmen oder Kasten festgemacht. Ein zweiter, oben und unten offener, Kasten von gleicher Grösse wurde auf diesen aufgesetzt, nachdem beide mit Erde gefüllt worden waren, sodann die Tischplatte langsam erhoben, bis ein Gleiten des beweglichen Erdprismas auf seiner schiefen Unterlage sich bemerklich machte. Der an einem Gradbogen abgelesene Neigungswinkel der Platte wurde dem gesuchten Reibungswinkel der Erde gleichgenommen.

Zur richtigen Würdigung der auf solche Weise ausgeführten Versuche mag das Urtheil dienen, welches Martony selbst sich während des Experimentirens gebildet hat. Er sagt auf Seite 86 seines Buches wörtlich:

„Dieser Apparat war sehr einfach, aber er hatte den „Nachtheil, dass man den oberen Erdkörper nicht zu „einem fortgesetzten Gleiten auf dem untern bringen „und daher den wahren Reibungswinkel nicht finden „konnte. Denn nach einigen kleinen, ruckweise erfol„genden Bewegungen des oberen Kastens rückte die „vordere Wand des oberen schon über die des unteren „vor; die Erde fiel von oben herab und der Versuch „musste beendigt werden."

Zwar änderte Martony seinen Apparat in der Art um, dass er den oberen Kasten etwas kürzer machte als den unteren, so dass ein kurze Zeit andauerndes Gleiten hätte beobachtet werden können, allein auch diese Aenderung erwies sich als unzureichend, wenigstens für lockere Erde.

So fand Martony für lockere trockene Dammerde in drei Versuchen den Reibungswinkel a zu 19°, 24° und 32°, während die Beobachtung der natürlichen Böschung einen Werth $\alpha = 38°$ 49' feststellte. In gleicher Weise ergab sich für lockere, natürlich feuchte Dammerde mit Hülfe des Kastenapparates ein Mal der Werth $\alpha = 33°$ 30', ein zweites Mal $\alpha = 28°$, durch Beobachten der natürlichen Böschung dagegen $a = 42°$ 43'.

Wurden die Kästen auf einander gesetzt, nachdem die Erde in jedem derselben festgestossen worden war, so ergaben sich Neigungswinkel der Tischplatte mit dem Horizont, welche, wie die folgende Tabelle zeigt, mit dem Reibungswinkel der Erden im lockeren Zustande nahezu übereinstimmten.

Tabelle 2.

Versuche von Martony.

Bezeichnung der Erdart.	Neigungswinkel der Tischplatte gegen den Horizont	Neigungswinkel α der natürlichen Böschung bei lockerer Erde
Festgestossene Dammerde.		
a) sehr trocken	(37° 30') 36° 30	38° 49'
b) natürlich feucht	42° 0'	42° 43'

Das andere Verfahren, den Reibungswinkel und damit die Reibungsgrösse zu bestimmen, besteht in der Bildung der natürlichen Böschung durch Aufschütten des Erdreiches. Es ist diess das am meisten gebräuchliche Verfahren.

Schon Coulomb hat es vorgeschlagen, obwohl er die Gleichung cotg. $\tau = f$ noch nicht in seine neu aufgestellten Formeln einführte.

Auch Woltmann*) gibt die Definition obiger Gleichung schon im Jahre 1792 und führt dieselbe in seine Formeln ein, zu welchen er unabhängig von Coulomb durch eine eigenthümliche Schlussfolgerung gelangt ist. Auf Seite 166 des dritten Bandes seines Werkes sagt er wörtlich:

„Hieraus ergibt sich eine sehr leichte Methode, die Fric-
„tion einer Erdmasse in Erfahrung zu bringen. Man
„formire einen Haufen, so steil als möglich; messe seine
„Höhe A E und einen Halbmesser seiner Basis C E, und
„bilde $tg\beta = \frac{AE}{CE}$, wonach man β in den trigonometrischen
„Tafeln finden kann.

Die nachstehende Reihe von Reibungswinkeln, welche er sodann znsammenstellt, sind, wie aus zerstreuten Bemerkungen hervorgeht, von ihm auf die genannte Weise gefunden worden.

Tabelle 3.

Angaben von Woltmann.

Bezeichnung der Erdarten.	α
Trockener Sand	32°
Trockene pulverisirte Gartenerde . .	37°
„ „ Geestlehm . .	ca. 40 '
„ „ Thonerde . .	ca. 45°
„ „ Steinkalk . .	ca. 50°
Kiesel und kleine Strassensteine . .	ca. 36°
Rocken	25°
Rappsaat	25°

*) Woltmann, Beiträge zur hydraulischen Architektur, Bd. 2. Göttingen 1792. Bd. 3. Göttingen 1794.

Einige wenige Angaben finden wir sodann bei Rondelet*),
welcher sich eines Kastens bediente, dessen eine Schmalseite
durch eine angelehnte Steinplatte gebildet ward. Er füllte denselben mit der zu prüfenden Erde, nahm dann die Platte
weg und sah zu, nach welchem Winkel sich dieselbe von
selbst abböschte. Er fand so die Daten der folgenden Tabelle.

Tabelle 4.

Versuche von Rondelet.

Bezeichnung der Erdarten	α
Feiner trockner Sand oder pulv. Sandstein	35° 30'
Gewöhnliche pulv. Erde in gut trocknem Zu- stande, wenigstens	46° 50'
Dieselbe Erde, wenn sie etwas angefeuchtet worden war, höchstens	54° 0'

Auch Eytelwein**) gibt die folgende Zusammenstellung
an, welche Ortmann***) seinen theoretischen Entwickelungen
zu Grunde legt.

Tabelle 5.

Angaben von Eytelwein.

Bezeichnung der Erdarten	α	f
Angefeuchteter Sand	24°	0,445
,, Gartenerde . . .	27°	0,510
Trockener Sand	32°	0,625
Kiesel und kleine Strassensteine . .	36°	0,727
Trockene pulver. Gartenerde . .	37°	0,754
,, ,, Lehm . . .	40°	0,839
,, ,, Thonerde . .	45°	1,000
,, ,, Steinkalk . . .	50°	1,192

*) Rondelet, Traité théorique et pratique de l'art de bâtir. Paris
1805.

**) Eytelwein und Gilly, Praktische Anweisung zur Wasserbau-
kunst. 3. Heft, Berlin 1805.

***) Ortmann, Die Statik des Sandes, Leipzig 1847.

Eine kleine Zahl von Erfahrungsresultaten über gelockerte
Erden, allerdings ohne nähere Angabe der Art und Weise,
wie sie erhoben worden sind, führt Perronet *) an. Er
hat gefunden, dass die festeste Erde sich nach einem Winkel
von 30° bis 35° gegen den Horizont abböscht, die leichteste
Erde und Sand unter einem Winkel von ungefähr 30°, die
übrigen Erdarten nach Verhältniss. Für groben Kies, Kiesel oder
zerschlagene Steine nimmt er $\alpha = 40°$ höchstens $\alpha = 45°$ an.

Dasselbe was über die von Perronet mitgetheilten Werthe
gesagt worden ist, gilt auch von einigen Angaben älterer
Autoren, welche Navier**) gesammelt hat, und die hier der Voll-
ständigkeit wegen ihren Platz finden sollen, obgleich die Ori-
ginalwerke zu ihrer Vergleichung nicht zu Gebote standen.

Tabelle 6.
Zusammenstellung von Navier.

Bezeichnung der Erdarten	Name des Autors	α
Feiner trockener Sand . . .	Gadroy	31°
Leichtester Sand	Barlow	39°
Dichteste, festeste Dammerde . .	„	55°
Aufgelöster Schiefer, ganz trocken .	Pasley	39°

Die ausgedehntesten Beobachtungen des Winkels, welchen die natürliche Böschung verschiedener Erdarten mit
dem Horizont oder der Lothrichtung einschliesst, verdanken
wir wieder Martony.

*) Perronet, Description des ponts, 2. Auflage. Deutsch von Diet-
lein unter dem Titel: Perronet's Werke, Beschreibung der
Entwürfe und Bauarten von Brücken. Halle 1820.

**) Navier, Résumé des leçons données à l'école des ponts et chaussées
sur l'application de la mécanique à l'établissement des constructions et des machines. I. Partie, Leçons sur la résistance
des matériaux etc. Paris 1833. Deutsch von G. Westphal unter
dem Titel: Mechanik der Baukunst von Navier, Hannover 1851.

Nach seiner Beschreibung wurde das Thor des grossen Versuchskastens (eines Kastens mit beweglicher Seitenwand, in welchem er den Seitendruck der Erde bestimmte) niedergelassen, hierauf die Erde in denselben lagenweise eingestreut und so eine nach vorn abgeböschte Schüttung von der Höhe des Kastens gebildet. Zuletzt wurde eine kleine Menge Erde am Rande der Anschüttung aufgebracht und langsam nach vorwärts abgestrichen, so dass sie über die gebildete Böschung heruntergleiten musste. Sobald sich die Erdtheilchen nicht mehr auf der Oberfläche erhalten konnten, sondern bis zum Fuss der Böschung herabrutschten, wurde der Neigungswinkel derselben gegen die Vertikale bestimmt *).

Alle von Martony auf solche Weise gefundenen Daten sind in der untenstehenden Tabelle geordnet zusammengestellt.

Tabelle 7.

Versuche von Martony.

Versuchs-		Bezeichnung	Beobachtungsresultate in Wiener Mass u. Gewicht.		Berechneter Reibungswinkel
Nro.	Zeit	der untersuchten Erde	Gewicht d. Erde per c′	Anl. **) d. natürl. Bösch. a. 3′Höhe	
—	2. Mai	Lock. Dammerde a) trocken	80,50	3,73	38° 49′
42	28. Aug.		74,67	3,60	39° 48′

*) Bemerkenswerth ist, dass sich Martony erst Gewissheit über die Richtigkeit der Gleichung cotg τ = f zu verschaffen suchte mit Hülfe seiner Versuchsresultate. Er berechnete nämlich die Basis des Bruchprismas aus der Gleichung b = h. tg $\frac{\tau}{2}$, wobei er den durch Beobachtung der natürlichen Böschung gefundenen Werth von τ einsetzte, und verglich den so berechneten Werth mit dem beobachteten.

**) Mit „Anlage" bezeichnet Martony die Grösse B = h tg τ.

Versuchs-		Bezeichnung	Beobachtungsresultate in Wiener Mass u. Gewicht		Berechneter Reibungswinkel
Nro.	Zeit	der untersuchten Erde	Gewicht d. Erde per c′	Anlage d. natürl. Bösch. a. 3′ Höhe	
		b) natürlich feucht			
—	2. Mai		—	3,25	42° 43′
43	28. Aug.		66,18	3,60	39° 48′
51	11. Dec.		71,73	3,399	41° 26′
52	12. „		70,30	3,399	41° 26′
53	12. „		71,10	3,399	41° 26′
54	13. „		71,50	3,399	41° 26′
55	15. „		71,30	3,399	41° 26′
56	17. „		72,40	3,399	41° 26′
57	18. „		71,40	3,399	41° 26′
23	30. Mai		67,00	—	(39° 0′)
49	17. Sept.		70,75	—	(42° 30′)
		c) mit Wasser gesättigt			
44	29. Aug.		108,00	4,37	34° 28′
		Sand			
		a) an Sonne und Luft getrocknet			
38	25. Juni		98,60	3,94	37° 17′
39	25. „		98,60	—	—
40	25. „		98,60	—	—
41	25. „		98,60	4,03	36° 40′
		b) natürlich feucht			
27	13. Juni		92,86	3,49	40° 41′
35	22. Aug.		94,17	3,62	39° 39′
36	23. „		94,17	3,60	39° 48′
		c) mit Wasser gesättigt			
37	24. „		110,15	3,35	41° 51′
		Lehm			
		a) trocken			
29	9. Aug.		84,90	3,62	39° 39′
30	10. „		84,90	3,62	39° 39′
		b) natürlich feucht			
31	16. Aug.		77,70	3,61	39° 44′

Versuchs-		Bezeichnung der untersuchten Erde	Beobachtungsre- sultate in Wiener Mass und Gewicht		Berechne- ter Reib- ungswinkel
Nro.	Zeit		Gewicht der Erde per c'	Anlage d natürl. Bösch. a. 3' Höhe	
32	16. Aug.		77,70	3,615	39° 41'
33	17. „	c) mit Wasser ge- sättigt	77,70	3,60	39° 48'
34	17. „	Schotter etwas feucht, die Körner von Ha- selnuss- bis Tau- benei - Grösse mit wenig Sand vermengt.	112,00	3,75	38° 40'
45	31. Aug.		95,10	3,485	40° 43'
46	31. „		95,10	3,485	40° 43'
47	4. Sept.		95,21	3,480	40° 46'
48	4. „	Kiesiger Lehm natürlich feucht	—	3,475	40° 48'
			94,00	—	(39° 0')

Speciell gegen das Verfahren Martony's ist anzuführen, dass bei Aufschüttung der Erde in einem verhältnissmässig engen Kasten die Reibung derselben an den Seitenwänden zu einer Fehlerquelle werden muss. Andere schwache Seiten der Methode überhaupt, die übrigens, wie schon mehrmals angedeutet worden ist, nur bei cohäsionslosem Material Anwendung finden darf, ergeben sich aus Versuchen des Herrn Dr. Hagen[*]), welche gleichzeitig mit den früher erwähnten angestellt worden sind und sich ganz besonders zur Darlegung des Werthes der in Rede stehenden Methode eignen.

Mit dem schwarzen Streusand, dessen Körner bis zu $\frac{1}{7}$ Linie im Durchmesser hatten, verfuhr Herr Hagen zuerst wie

*) Handbuch der Wasserbaukunst, 2 Thl. 1. Bd., Königsberg 1844.

Martony. Er schüttete denselben in einem Kasten auf, dessen
eine Seitenwand fehlte und liess dann langsam kleine Sandmassen über die gebildete Böschung rollen. Es zeigte sich,
dass man diese hierdurch merklich steiler machen konnte,
indem die Körnchen auf ihrem Weg über die Böschung
immer noch kleine Unebenheiten vorfanden, in welche sie
gerade hineinpassten, so dass sie nun keineswegs allein durch
die Reibung im Gleichgewichte waren. Auf solche Weise
gelang es, den Winkel τ bis auf 58° und 57° zu verringern.

Aehnliches konnte beobachtet werden, wenn man den
Sand in einen Kasten mit beweglicher Wand füllte und dann
diese entfernte. Es stürzte zuerst das Bruchprisma ab, ihm
folgten andere Theile der Anschüttung und zuletzt trat wieder ein sanftes Abrieseln der Körner ein, welches jene un-
beabsichtigte Ineinanderlagerung der Sandtheilchen bedingte.
Es war deutlich zu erkennen, dass der untere Theil der
Böschung, über welche die meisten Körnchen gerieselt waren,
am steilsten geworden war; der obere Theil, bei welchem
noch am ehesten eine natürliche Lagerung der Körner er-
wartet werden konnte, ergab den Winkel $\tau = 60°$.

Wurde endlich derselbe Sand möglichst gleichmässig
in ein Gefäss gefüllt, dieses vorsichtig abgestrichen und dann
langsam zur Seite geneigt, so trat eine durch stossweise Bewegungen angezeigte Störung des Gleichgewichtszustandes
ein, sobald der Winkel τ einen Werth zwischen 63° und 65°
erreichte.

Für den weissen staubförmigen Sand aus der Umgegend von Berlin fand sich τ zwischen 54° und 59°, wenn
man die Böschung entweder künstlich überrieselte, oder sie
durch Abstürzen nach Wegnahme einer beweglichen Kasten-
wand sich bilden liess.

An einer anderen Stelle *) gibt Herr Hagen für den

---

*) Poggendorff's Annalen der Physik und Chemie, Bd. 28 (1833).

trocknen, schwarzen magnetischen Streusand mit Körnern
bis zu 0,1 Linie im Durchmesser und einem Gewicht von
2,82 Loth per Kubikzoll, wie man ihn am Seestrande an-
gespült findet, den Winkel $\tau = 62°$ an und bemerkt, durch
wiederholtes leises Aufbringen von kleinen Sandmassen habe
die Böschung bis auf einen Winkel von 55° dem Lothe ge-
nähert werden können.

Ebendaselbst wird für den trocknen, feinen Sand aus
der Umgegend Berlins, von welchem der Kubikzoll 1,87
Loth wog, der Winkel τ zu 55° angegeben, als Mittel aus
mehreren Werthen, welche zwischen den Grenzen 54° und
58° lagen.

Endlich hat Herr Hagen*) zu einer neuen Reihe von
Versuchen zum Zwecke einer Prüfung der verschiedenen
Theorien noch feinen Quarzkies mit rundlichen Körnern von
0,8 Linie im Durchmesser benützt, für welchen $\tau = 54°$ gefunden worden war.

Aus den Versuchen des Herrn Dr. Hagen geht deutlich hervor, dass selbst für cohäsionsloses Material die natürliche Böschung nicht sicher dargestellt werden kann. Ist
nun noch eine merkliche Cohäsion zwischen den Theilchen
vorhanden, so versagt die besprochene Methode ganz und
gar; man findet den gewünschten Winkel mit dem Horizont
immer zu gross.

Es scheint, dass manche Autoren entweder den Einfluss
der Cohäsion bei dieser Methode für nicht so bedeutend angesehen, oder aber den Begriff der natürlichen Böschung
weniger scharf aufgefasst haben, als er oben gegeben worden ist. Zu dem ersten Theil dieser Behauptung berechtigen
die meisten Versuche über die natürliche Böschung der Erdarten, in letzterer Hinsicht ist Persy**) anzuführen, welcher

*) Abhandlungen der k. Akademie der Wissenschaften in Berlin,
1871, Separatabdruck.
**) Persy, Cours de stabilité des constructions, Metz 1831.

zwischen natürlicher Böschung cohärirender und cohäsions-
loser Erde unterscheidet.

Im Gegensatze hierzu sagt Woltmann im 2. Bande seines
früher angeführten Buches auf Seite 64, nachdem er die
Reibungswinkel mehrerer Erdarten angegeben hat:

„Wenn aber diese letzteren Erdarten etwas gedrückt
„werden, so mischt sich die Cohäsion ein, und sie er-
„halten sich in kleinen Höhen fast perpendikulär."

Sodann auf Seite 186 des 3. Bandes desselben Werkes:

„Nur darin muss man sich wohl vorsehen, dass der Frik-
„tionswinkel richtig und wie bei der trocknen Erde an-
„genommen werde, denn wollte man die feuchte Erde
„aufschütten, so wird sie in kleinen Höhen wegen der
„Cohäsion sich beträchtlich steiler erhalten."

Zum Schluss der Bemerkungen über die direkte Bestimmung des Reibungswinkels werden einige kurze Angaben des französischen Obristlieutenants Audé*) beigefügt,
welche insoferne Bedeutung haben, als sie bei den ausge-
dehnten Versuchen desselben über den Seitendruck der
Erde Verwendung fanden.

Für groben, sehr trocknen Flusssand mit Körnern von
0,0147 ^{m} Dicke und einem Gewicht von 1470 Kilogr. per
Kubikmeter, welcher noch durch eine kreisförmige, lothrecht in eine horizontale Platte gebohrte Oeffnung von
0,012 ^{m} Weite in ununterbrochenem Strahle floss, wurde die
natürliche Böschung 1½malig oder der $< \tau = 56^\circ 19'$ gefunden.

Derselbe Winkel ergab sich für feinen, gleichkörnigen,
sehr trocknen Sand, welcher per Kubikmeter 1350 Kilogr.

---

*) Nouvelles expériences sur la poussée des terres par M. Audé,
Mémoire revu par M. le Général Poncelet avec des additions
par M. Domergue, Paris 1849. Sodann: Mémorial de l'officier
du génie 1848.

wog und die Eigenschaft besass, noch durch ein kreisrundes Loch von 0,001m. Durchmesser ohne Stockung zu fliessen.

Direkte Bestimmung der Erdcohäsion.

Sind schon Versuche über die Reibung der Erdarten nur spärlich vorhanden, so gilt diess in noch höherem Grade von der Cohäsion. Martony ist fast der einzige Autor welcher präcise Angaben macht; auch über die Methode der direkten Bestimmung findet sich eine Beschreibung in seinem Werke.

Mit dem früher besprochenen, zur Auffindung des Reibungscoefficienten benützten, Kastenapparat erhob Martony auch die Cohäsion festgestampfter Erden, indem er zuerst das Gewicht suchte, welches das Erdprisma abriss und dabei Cohäsion und Reibung zusammen überwand, sodann das Gewicht, welches beim Verschieben der abgerissenen Theile über einander hin dem Reibungswiderstande allein entsprach. Die Differenz der beiden Gewichte ergab die Cohäsionsgrösse auf den Querschnitt des abgescheerten Prismas bezogen, und zwar mit ziemlicher Sicherheit, nachdem nun auch die Reibung der Kastenwände auf einander aus der Differenz weggefallen war, welche den wahren Werth des Minuenden sowohl wie des Subtrahenden in nahezu gleicher Weise entstellt hatte.

In der Tabelle 8 sind die hierher gehörigen Versuche Martonys neben einander gereiht.

Tabelle 8.

Versuche von Martony.

Versuchs-		Bezeichnung der Erdart.	Gewicht 1 Kubik-fusses Erde in Wiener Pfunden.		Cohäsion in Wiener Pf. per Quadrat-fuss.
Nr.	Zeit.		locker.	ange-stampft.	
		Festgestossene Dammerde			
26	11. Juni	a) trocken	79,56	89,92	96,80
49	17.Sept.	b) natürlich feucht .	70,75	94,40	1C0,00
		Festgestossener Lehm			
—	10. Aug.	a) trocken.	85,00	89,60	93,68
—	17. „	b) natürlich feucht .	77,70	107,00	166,64
		Festgestossener kiesiger Lehm			
—	20. Juni	natürlich feucht. . .	88,C0	110,40	153,60

Indirekte Bestimmung der Erdcohäsion.

Während zur Untersuchung festgestossener Erde vor Allem die eben beschriebene Methode der direkten Bestimmung geeignet ist, empfiehlt sich die Berechnung der Cohäsionsgrösse aus vorher erhobenen Cohäsionshöhen und dem Reibungswinkel besonders für lockere Erde, ja man kann sagen, es wurde deren Untersuchung überhaupt erst möglich, nachdem der Zusammenhang zwischen Cohäsion, Böschungswinkel und Höhe der Anschüttungen, wie ihn die Gleichungen (2) und (3) darstellen, erkannt worden war.

Wie wenig nach dieser Seite hin bisher geschehen ist, geht aus den neuesten Werken über den Seitendruck der Erde hervor, in welchen die nothwendigen Daten über die

Cohäsion immer dem schon mehrfach angeführten Buche Martony's entlehnt sind. Es werden aber auch noch einige Citate aus älteren Schriftstellern von Interesse sein, welche aus verschiedenen anderen herausgenommen, zur Erläuterung dieses Verhältnisses dienen werden.

So findet sich bei Persy*) bezüglich der Cohäsion folgende Bemerkung:

„Man hat keine genauen Beobachtungen hierüber. „Alles, was man weiss, ist, dass unter den Erden, welche „sich zusammengesetzt oder eine starke Zusammendrück- „ung erfahren haben, die Gartenerde und die sehr thon- „igen Erden bis auf eine Höhe von 1—2 m und 3—4 m „oder noch tiefer lothrecht abgestochen werden können, „ohne dass sie einstürzen."

In gleicher Weise spricht sich Navier**) im Jahre 1833 aus:

„Die meisten Erdarten, ja selbst der Sand, erlangen „einen ziemlichen Zusammenhang, wenn die Theile lange „in Berührung mit einander bleiben und stark zusam- „mengepresst werden. In diesem Zustande kann man „Lehm bis auf 1—2 m und sehr thonhaltige Erde bis „auf 3—4 m und darüber vertikal abgraben, ohne dass „ein Herabfallen eintrete. Man kennt hierüber keine „genauen Beobachtungen."

---

*) Persy, Cours de stabilité des constructions, Metz 1831.

**) Navier, Résumé des leçons données à l'école des ponts et chaussées sur l'application de la mécanique à l'établissement des constructions et des machines.

I. Partie, leçons sur la résistance des matériaux etc. Paris 1833. Deutsch von G. Westphal unter dem Titel: **Mechanik der Baukunst von Navier Hannover 1851.**

Endlich mag noch ein englischer Schriftsteller hier angeführt werden. Peter Barlow sagt auf Seite 201 des
unten genannten Werkes*):

> „Obiges (seine theoretischen Entwicklungen über den
> „Erddruck nämlich) kann nur als eine sehr unvollkom-
> „mene Skizze der Theorie der Futtermauern betrachtet
> „werden, wenigstens was ihre Anwendung in der Praxis
> „betrifft, wegen des Mangels an tauglichen Versuchs-
> „ergebnissen. Die Folge davon ist, dass bei allen The-
> „orien übereinstimmend, die berechnete Mauerdicke die
> „vom praktischen Standpunkt aus als nothwendig erach-
> „tete Grösse weitaus übersteigt."

Was nun die Versuche Martony's in der in Betracht
stehenden Richtung betrifft, so bestimmte er fast immer für
eine angenommene Schüttungshöhe den durch die jedes-
malige Cohäsion bedingten Böschungswinkel, indem er die
in seinen Kasten eingebrachte Erde allmählich steiler abar-
beitete, bis er die Grenze erreichte, bei welcher gerade der
Einsturz erfolgte. Er beschreibt sein Verfahren in dem früher
citirten Werke über den Seitendruck der Erde auf Seite 122
für einen besonderen Fall folgender Massen:

> „Hierauf wurde die Cohäsion in der Anschüttung
> „selbst durch das Abstechen nach einer Böschung er-
> „hoben, welche als die steilste angesehen werden konnte.
> „Nachdem man die Erde auf 10′ Höhe **) dergestalt
> „mit Vorsicht abgestochen hatte, dass die Anlage der
> „Böschung nur 3′ betrug, erhielt sich die Anschüttung
> „noch standhaft; als man aber diese Anlage noch um
> „3″ zu vermindern suchte, stürzte sie ein, ehe noch

---

*) Barlow, A treatise on the strength of timber, castiron etc.,
London 1837.

**) Martony benützte hier eine über die Kastenoberfläche überhöhte
Erdmasse.

„das Abstechen vollendet war. Man hatte bei dieser
„Erhebung die Vorsicht gebraucht, die Anlage immer
„nur um 3″ auf einmal zu verringern, indem man von
„der Böschung ausging, unter welcher die Erde nach
„erfolgter Wirkung stehen geblieben war.“

Da Martony bei Beginn seiner Untersuchungen über
den Erddruck die Gleichungen für die Cohäsionshöhe noch
nicht gekannt, die Cohäsion desshalb in jener Zeit überhaupt
nicht bestimmt hatte, so leitete er sie nachträglich aus den
Böschungen ab, welche die Erde nach Absturz des Bruchprismas beim Niederlassen des Thores, von selbst angenommen
hatte.

Alle auf die Cohäsion lockerer Erden bezüglichen Angaben Martony's enthält die nachstehende neunte Tabelle,
und es ist nur noch beizufügen, dass die Durchführung der
Versuche in einem Kastenraum hätte vermieden werden
sollen, weil die dann unvermeidliche Reibung von Erde auf
Holz möglicher Weise sehr störend einwirken konnte. Auch
muss man sagen, dass die in 12 Fällen benützten Böschungen, welche im Kasten nach Niederlassung des Thores
entstanden waren, nicht mit voller Sicherheit als die wirk-
lichen, der Kastenhöhe entsprechenden Abstichsrichtungen
angenommen werden können, indem fast immer noch verschiedene Risse quer über die Schüttung sich gebildet hatten
und auch durch die beim Absturz grösserer Erdmassen ent-
stehende Erschütterung hinter der gültigen Böschungsebene
gelegene Theile wirklich nachgestürzt sind.

Tabelle 9.

Versuche von Martony.

Versuchs- Nr.	Zeit.	Bezeichnung der Erdart.	Gewicht 1 Kubikfusses in Wiener Pfd.	Anlage der natürlichen Böschung für die Höhe 1.	Anlage der steilsten Böschung für die Höhe 1.	Lothrechte Abstichshöhe.
		Lockere Damm- erde				
		a) an der Luft und der Sonne ganz ge- trocknet				
4	15.April		79,13		0,616	
5	17. „		79,13		0,520	
6	25. „		79,90		0,583	
7	26. „		79,90		0,416	
10	26. „		—		0,518	
13	30. „		79,90		0,425	
8	26.April		79,90		0,538	
9	26. „		79,90		0,500	
11	26. „		79,90		0,566	
12	26. „		79,90		0,816	
14	30. „		79,90		0,590	
15	30. „		79,90		0,475	
		b) etwas feucht				
51	11. Dec.		71,73	1,133	0,300	
52	12. „		70,30	1,133	0,300	

Bemerkung zu Nr. 4 — 13. Nach jedem Versuch wurde der Kasten ganz ausgeräumt und dann frisch gefüllt. Die steilsten Böschungen bildeten sich nach Absturz des Bruchprismas von selbst.

Bemerkung zu Nr. 8 — 15. Nach jedem Versuch wurde der Kasten nur bis zur natürlichen Böschung ausgeräumt, dann frisch nachgefüllt. Die steilsten Böschungen bildeten sich nach Absturz des Bruchprismas von selbst.

Versuchs-		Bezeichnung der Erdart.	Gewicht 1 Kubik- fusses in Wiener Pfd.	Anlage der natür- lichen Bösch- ung für die Höhe 1.	Anlage der steil- sten Bösch- ung für die Höhe 1.	Lothrechte Abstichshöhe.
Nr.	Zeit.					
		Lockere Damm- **erde**				
53	12. Dec.	b) etwas feucht . .	71,10	1,133	0,300	
54	13. „		71,50	1,133	0,250	
55	15. „		71,30	1,133	0,250	
56	17. „		72,40	1,133	0,275	
57	18. „		71,40	1,133	0,250	
42	28. Aug		74,67	1,200	0,500	0,0
43	28. „		66,18	1,2C0	0,466	0,9
		c) mit Wasser gesättigt				
44	29. Aug.		108,00	1,460	0,000	0,0
		Lockerer Kies- **sand, rein, feinkörnig**				
		a) an der Sonne und				
38	25. Juni	Luft getrocknet .	98,60	1,313	0,833	0,0
39	25. „		98,60	—	0,683	0,0
40	25. „		98,60	—	0,916	0,0
41	25. „		98,60	1,341	0,750	0,0
		b) natürlich feucht				
35	22. Aug.		94,17	1,205	0,667	0,45
36	23. „		94,17	1,2C0	0,667	0,45
		c) mit Wasser gesättigt				
37	24. Aug.		110,15	1,116	0,5C0	0,90
		Lockerer Lehm				
29	9. Aug.	a) trocken	84,90	1,206	0,590	—
30	10. „		84,90	1,206	0,500	—

Bemerkung zu **Nr. 42**: fast trocken.

Versuchs-		Bezeichnung der Erdart.	Gewicht 1 Kubik- fusses in Wiener Pfd.	Anlage der natür- lichen Bösch- ung für die Höhe 1.	Anlage der steil- sten Bösch- ung für die Höhe 1.	Lothrechte Abstichshöhe.
Nr.	Zeit.					
--	17. Aug.	Lockerer Lehm b) natürlich feucht	77,70	1,206	—	0,90
34	17. Aug.	c) mit Wasser gesättigt	112,00	1,250	—	3,00
45	31. Aug.	Schotter, etwas feucht, mit Körnern von Haselnuss- bis Taubenei - Grösse, vermischt mit wenig Sand	95,10	1,162	0,967	
46	31. „		95,10	1,162	0,972	
47	4. Sept.		95,21	1,160	0,893	
48	4. „		—	1,158	0,900	

3. Capitel.

Das Gesammtresultat der bisherigen Versuche.

Wenn wir das zusammenfassen, was seither zur Fest-
stellung der physikalischen Eigenschaften der Erden, soweit
sie den Ingenieur in der Theorie des Erddruckes interessiren,
geschehen ist, so kommen wir zu der Ueberzeugung, dass
noch grosse Lücken auszufüllen sind, sowohl im Interesse
der reinen Wissenschaft, als besonders auch der ausübenden
Praxis, weil man hoffen darf, dass dann gerade diese letztere
die Erfolge der Theorie mit mehr Nutzen verwerthen kann,
als es bisher möglich war.

Alles, was wir von der Reibung und Cohäsion der Erden wissen, sind einige Mittelwerthe des Reibungswinkels und der Cohäsionsgrösse für die einzelnen Erdarten, und zwar nur für wenige, höchstens fünf verschiedene, meist extreme, gewöhnlich nicht einmal scharf genug charakterisirte Zustände*) einer und derselben Art.

Aus so wenigen, oft wegen der mangelhaften Art ihrer Erhebung sogar zweifelhaften Daten war man dann genöthigt, Schlüsse auf den Zusammenhang von Reibung und Cohäsion zu ziehen, und auf die Gesetze, nach welchen sich diese bei verschiedenen Feuchtigkeitsgraden und Dichtigkeitsverhältnissen ändern.

Freilich sind zur Auffindung dieser Gesetze die bisher gebräuchlichen Methoden der Untersuchung wenig geeignet, denn fast alle können nur in speziellen Fällen Anwendung finden. Es ist z. B. das Verfahren, zur Bestimmung der Reibung die natürliche Böschung darzustellen, bei lockerer Erde unbedenklich, so lange dieselbe cohäsionslos ist. Da aber mit dem Feuchtigkeitsgrad in der Regel auch die Cohäsion wächst, so dass selbst ein im trockenen Zustande cohäsionsloses Material in kurzer Zeit einen merklichen Zusammenhang seiner Theilchen unter einander zeigt, so versagt sehr bald die besprochene Methode, gleichzeitig damit aber auch jene, an sich so brauchbare andere, die Cohäsion lockerer Erde aus einer beochteten Cohäsionshöhe abzuleiten, weil sie die Kenntniss des zugehörigen Reibungswinkels voraussetzt.

So finden wir denn auch, dass man die für lockere trockene Erde gefundene Reibung, zuweilen wohl nur nothgedrungen, als constant für alle Fälle ansah, über die Cohä-

---

*) Die trockene oder natürlich feuchte Erde in lockerem oder möglichst fest gestampftem Zustande, dieselbe sodann mit Wasser gesättigt.

sion aber ganz hinwegging, was man um so leichter konnte, da dieselbe bei praktischen Berechnungen gewöhnlich keine Berücksichtigung findet.

Woltmann z. B. sagt in dieser Beziehung im 3. Bande seiner Beiträge zur hydraulischen Architektur Seite 186:

„Die Feuchtigkeit hat zweierlei Einfluss auf die Be-
„schaffenheit der Erde, sie vermehrt in etwas ihre Co-
„häsion und Schwere; durch ersteres wird der Druck
„vermindert, durch letzteres vermehrt. Beides aber ist
„unerheblich und den Veränderungen der Witterung un-
„terworfen. Da aber die Friktion der feuchten und
„lockeren Erden unverändert, ebenso wie im trocknen
„Zustande bleibt, so kann auch ihr Druck ohne Be-
„denken nach obiger Theorie, wie bei der trocknen
„Erde, berechnet werden.“

Im Gegensatze hiezu steht die Bemerkung Martony's auf Seite 89 seines Buches:

„Der verschiedene Grad der Feuchtigkeit ist bisher
„nicht berücksichtigt worden, obgleich durch dieselbe das
„Gewicht, die Reibung und Cohäsion einer und dersel-
„ben Erdart geändert werden.“

Sodann:

„Durch die verschiedene Menge von Feuchtigkeit, welche
„die Erdarten in sich aufnehmen und zu binden ver-
„mögen, werden aber das specifische Gewicht, die Reib-
„ung und die Cohäsion in ein und derselben Erdart
„verschiedentlich geändert und daher, weil alle auf den
„Druck Einfluss nehmenden Elemente sich verändern,
„auch verschiedenartige Wirkungen hervorgebracht,
„welche zu kennen von Wichtigkeit ist.“

Er unternahm es auch, diese Aenderung zu bestim-men, aber, wie schon bemerkt wurde, nur unter Berück-sichtigung der extremen Zustände und mit den ihm zu Ge-bote stehenden unvollkommenen Methoden der Untersuchung.

Es ist überhaupt wiederholt darauf hinzuweisen, wie selten nur der Umstand die gebührende Beachtung fand, dass vorhandene Cohäsion die künstliche Darstellung der natürlichen Böschung unmöglich macht.

Es ist auffallend, man definirt die Cohäsionshöhe als von Reibung und Cohäsion abhängig und sucht für eine lockere Aufschüttung von bestimmter Höhe nach einander die steilste noch mögliche und die natürliche Böschung, welch' letztere aber von der Cohäsion unbeeinflusst gedacht wird.

Somit ist die Frage, nach welchen Gesetzen sich Reibung und Cohäsion der Erdarten mit dem Dichtigkeitsgrad und dem Feuchtigkeitsgehalt verändern, bis heute ungelöst geblieben. Ein scheinbar sehr einfacher und sicherer Weg zu dieser Lösung ist durch eine Bemerkung angedeutet, welche sich in einer Abhandlung von M. de Sazilly in den Annales des ponts et chaussées 1851 [*]) findet, und ein direkter Vorschlag zu einer neuen Methode von Herrn Professor Dr. Rebhann in seinem neuesten Werk [**]) auf S. 67 ff. gegeben.

Was den Aufsatz in den Annales d. p. et ch. betrifft, so entwickelt Herr de Sazilly unter Anderem auch die Gleichungen für die Cohäsionshöhen unter der Form

$$h_0 = \frac{\dfrac{4c}{g}}{(-f + \sqrt{1+f^2})} \quad \text{und} \quad h = \frac{\dfrac{4c}{g}}{-(\mathrm{tg}\,\varepsilon + f) + \sqrt{(1+f^2)(1+\mathrm{tg}^2\varepsilon)}}$$

woraus folgt

$$h = h_0 \frac{-f + \sqrt{1+f^2}}{-(\mathrm{tg}\,\varepsilon + f) + \sqrt{(1+f^2)(1+\mathrm{tg}^2\varepsilon)}} = h_0\,\varphi$$

---

[*]) Ein Auszug dieser Abhandlung von M. Löhr unter dem Titel: „Bemerkungen über die Bedingnisse des Gleichgewichts der Erdmassen und über die Bekleidung der Böschungen von M. de Sazilly" findet sich in der Zeitschrift des österreichischen Ingenieurvereins, Jahrgang 1852.

[**]) Theorie des Erddruckes und der Futtermauern, Wien 1870/71.

Um die Anwendung der Formel zu erleichtern, berechnet sodann Herr de Sazilly in einer Tabelle den Coefficienten φ für verschiedene Werthe von tg ε und f und gibt in der Gebrauchsanweisung an, dass diese Tabelle auch benützt werden könne, den Reibungscoefficienten f zu finden, wenn 2 Cohäsionshöhen für verschiedene Winkel ε gegeben seien.

Herr Professor Rebhann schlägt vor, Cohäsion und Reibungswinkel beide zu berechnen, nachdem mindestens zwei Cohäsionshöhen für verschiedene Abstichsrichtungen und das Gewicht der Erde erhoben worden seien. Diese Werthe in die allgemeine Cohäsionshöhenformel eingesetzt, lieferten zwei Gleichungen mit den zwei gewünschten Grössen als Unbekannte.

Die Aussicht, auf diesem neuen, Erfolg versprechenden Wege zu brauchbaren Resultaten zu gelangen, veranlasste die Durchführung einer Reihe von Versuchen, welche im folgenden Abschnitte besprochen werden soll.

II. Abschnitt.

Neue Versuche über Reibung und Cohäsion der Erdarten.

I. Capitel.
Anordnung und Ausführung der neuen Versuche.

Die Erden besitzen eine Homogenität, wie sie in der Theorie angenommen wird, nicht, ihr Feuchtigkeitsgehalt wechselt sehr rasch und mit demselben ändern sich ihre Eigenschaften in viel höherem Grade, als man gewöhnlich anzunehmen geneigt ist. Ausserdem ist beim Anhäufen grösserer Massen eine Ungleichheit in der Dichtigkeit der Anschüttung niemals zu vermeiden und die Bewältigung einer nur einigermassen grösseren Menge Erde, welche nicht mehr auf dem Experimentirtische behandelt werden kann, ist schwierig, wie auch die Uebersicht über die im Verlaufe des Versuchs eintretenden Erscheinungen schwer zu behalten.

Alle diese Verhältnisse, von deren tiefgehendem Einflusse man erst ganz überzeugt wird, wenn man an das Experimentiren selbst geht, lassen von vorneherein grosse Differenzen bei zusammengehörigen, gleichartigen Versuchsresultaten erwarten, so dass man auf eine zufriedenstellende Annäherung an die Wahrheit nur dann hoffen darf, wenn

man im Stande ist, eine grössere Anzahl von Daten derselben Art zu einem Mittelwerth zusammenzufassen.

Aus diesem Grunde wollte ich vorerst nur e i n e Erdart
und auch diese nur in lockerem Zustande, dagegen bei den
verschiedensten Feuchtigkeitsgraden, jedesmal möglichst oft
beobachten.

Unter den mir zu Gebote stehenden Materialien schien
der reine Kalksand aus einer Kiesgrube in der Nähe der
Theresienwiese bei München am geeignetsten für solche Versuche. Derselbe war drei Mal durch das Gitter geworfen,
zuletzt durch eines mit Maschen von ca. 1 ❑ cm. Weite.
Seine rundlichen Körner zeigten alle Grössen vom feinsten
Staub bis zum Kiesel von $0,01^{m.}$ Durchmesser, so dass er im
trocknen Zustande stark staubte.

Die Versuche zerfielen von selbst in 2 Gruppen. Einmal wurde bei den verschiedenen Zuständen des Sandes jedesmal das absolute Gewicht und eine Anzahl Cohäsionshöhen für verschiedene Böschungswinkel erhoben, sodann
war es nöthig, durch eine besondere Versuchsreihe den Zusammenhang von Gewicht und Wassergehalt des Sandes zu
bestimmen, um aus dem absoluten Gewicht auf den Feuchtigkeitsgrad schliessen zu können.

Das absolute Gewicht ergab sich durch direktes Wägen
des Sandes in einem hölzernen, eisenbeschlagenen und mit
Henkeln versehenen Kasten von genau $_2^{1/_6}$ Kb$^{m.}$ Inhalt, welcher von zwei Männern noch bequem gehandhabt werden
konnte. Die zur Verfügung stehende Decimalwage besitzt
eine Tragkraft von 15 Ctr. Der Kasten wurde vor jeder
Wägung tarirt, sodann mit grösster Sorgfalt gefüllt, da vor-
bereitende Versuche die Möglichkeit dargethan hatten, den
Sand zu verdichten. Für jeden Zustand wurden die Gewichte von mindestens 10 Kastenfüllungen bestimmt, aus
deren Uebereinstimmung beurtheilt werden kann, ob das
Einfüllen in entsprechender Weise geschehen ist.

Cohäsionshöhen sind bis jetzt nur von Martony dargestellt worden. Derselbe suchte in der Regel für eine Schüttung
von gegebener Höhe die entsprechende Abstichsrichtung,
indem er die Versuche in seinem grossen Kastenapparat
nach Niederlegung des Thores vornahm. Dabei böschte er, wie
diess schon früher näher angegeben wurde, die Erde allmählich
steiler ab, indem er, wenn sie sich nach der Abarbeitung
noch im Gleichgewichte erhielt, nun eine steilere Böschung
versuchte, deren Horizontalprojektion um 3″ kleiner war als
die der vorausgegangenen. Erfolgte auch jetzt noch kein
Einsturz, so ging er auf eine neue Böschungsebene über,
deren Projektion auf den Horizont abermals um 3″ kleiner
war als vorher. Stürzte die Erde während der Herstellung
dieser letzteren Abstichsrichtung ein, so nahm er die vor-
hergehende als die gültige an.

Es ist leicht einzusehen, dass das mehrmals wiederholte
Abarbeiten der ganzen Erdwand in einem und demselben
Versuch sehr mühsam und zeitraubend ist; ausserdem kann
man aber auch behaupten, dass ein solcher Gang der Arbeit, wie er oben beschrieben wurde, die Unsicherheit der
Endresultate nur noch vermehren muss. Martony nimmt
eine Abstichsrichtung als die gültige an, weil sich die Erde
bei einer andern nicht mehr standhaft erhalten kann,
deren Horizontalprojektion um 3″ kleiner ist. Nicht weniger
wahrscheinlich ist es aber, dass die Erde noch nicht einge-
stürzt wäre, wenn die Horizontalprojektion zuletzt statt um
3″, nur um 2″ verringert worden wäre. Bei einer 10′ hohen
Aufschüttung und der von Martony gefundenen Anlage von
3′ kann also die Abstichsrichtung um ca. 30 Minuten unsicher sein. Diese Unsicherheit ist noch grösser bei nie-
drigeren Anschüttungen und sie wächst unter Beibehaltung
einer stetigen Verminderung der Horizontalprojektion der
Böschung um je 3″, mit zunehmender Cohäsion.

Beide angeführte Nachtheile vermied ich, indem ich

für beliebig gewählte Abstichsrichtungen die zugehörigen
Höhen aufsuchte. Es brauchte hierbei die Erdwand in jedem
Versuche nur ein Mal abgearbeitet zu werden, so dass sich
ein bedeutender Zeitgewinn ergab, und die Höhe, auf welcher
sich die Erde eben noch erhielt, konnte viel schärfer gefunden werden, indem man sie bei Annäherung an diese Grenze
immer nur um 0,01^m auf einmal vergrösserte. Indem ich
ferner den Sand nicht in einem engen Raume, wie bei den
Versuchen von Martony, einzwängte, ihn vielmehr frei auf
dem Boden aufhäufte, blieb der fremdartige Einfluss einer
Reibung der Erdtheilchen an Holzwänden ausser Spiel. Die
constanten Abstichsrichtungen wurden durch die Oberflächen
gehobelter Dachlatten fixirt, welche an einem besonderen
Gerüst festgemacht waren, von welchem Figur 1 auf Tafel I
eine Skizze zeigt. Zwei Balken wurden parallel zu einander
in dem Abstande von 2^m auf den Boden gelegt, ihre gegen-
seitige Lage durch Querverbindungen gesichert und auf ihnen
zwei vertikale, oben durch ein horizontales Holz unter sich
verbundene, 2,1^m hohe Pfosten eingezapft. Zwei oben ange-
brachte kleine Kopfbüge verhinderten eine seitliche Ver-
schiebung dieses Rahmenwerkes, dessen unverrückbarer Stand
sodann durch starke Bretter gesichert war, welche mit den
Pfosten und Bodenlagern Dreiecksverbindungen darstellten.
In derselben Weise wie die diagonalen Bretter waren die
gehobelten Dachlatten angebracht, deren obere Kanten die
Abstichsrichtung angaben.

Es waren so ausser der vertikalen Richtung noch
mehrere Ebenen fixirt, deren Neigungswinkel mit dem Lothe
beziehungsweise 5°, 10°, 12,5°, 15° und 20° betrugen.

Zwischen diesem Gerüste wurde der Sand möglichst
locker und gleichmässig aufgehäuft, so dass er auf allen
Seiten nach einer Böschung abfiel. Hierauf wurde seine
obere Fläche zuerst mit einer Haue wagrecht gerichtet, dann
mit einer geraden Latte leise geebnet und mittelst einer vor

den Lattenprofilen angespannten Schnur eine gerade Linie auf dieser wagrechten Oberfläche aufgerissen.

Das Abarbeiten geschah mittelst einer sogenannten Breithaue mit einer geraden Schneide von 0,2 ^{m} Breite und einem kurzen circa 0,5 ^{m} langen Stiel, welcher eine sichere Handhabung derselben gestattete, und zwar wurde die Erdwand auf ihrer ganzen Länge nur ganz allmählich vertieft, anfangs nur um 0,03 ^{m} auf einmal. Dieser Betrag wurde bald auf 0,02 ^{m} verringert, und wenn der Versuch seinem Ende nahe war, immer auf 0,01 ^{m}, so dass die Cohäsionshöhe jedenfalls mit Sicherheit auf 0,01 ^{m} angegeben werden konnte.

Nach jeder Abarbeitung der ganzen Wandlänge um 0,03 ^{m}, resp. um 0,02 ^{m} und 0,01 ^{m}, wurde ein gerades Lineal an den Lattenprofilen angelegt und die Flucht der gebildeten Böschung geprüft. Der zu allen Versuchen verwendete Arbeiter, welcher sich als gelernter Hafner ganz besonders bei dem später vorgenommenen künstlichen Befeuchten des Sandes bewährte, verstand sehr bald, die Wände in ihrer Längenrichtung so genau gerade zu arbeiten, dass bei Anlegen des Lineals nur ausnahmsweise einige Millimeter fehlten. Gegen den Schluss eines jeden Versuchs, sobald man angefangen hatte, nur um 0,01 ^{m} tiefer zu gehen, wurde die schiefe Höhe der Wand mit einem feingetheilten Massstabe gemessen, und darauf gesehen, dass diese Höhe durchgehend gleich war.

Nur selten stürzte die ganze Wand auf einmal ab, fast immer fiel sie in mehreren Theilen von ungleicher Höhe. Da hierbei kein Theil grössere Wahrscheinlichkeit für sich hatte als der andere, so war man auch nicht berechtigt, irgend einen derselben auszuschliessen, selbst wenn die Höhen grosse Verschiedenheit zeigten. Es wurde deshalb das Mittel aus den Höhen aller einzelnen Theile als Versuchsresultat angenommen.

Nachdem die Wand auf ihre ganze Länge gefallen war, wurde eine Schnur in der Höhe der Oberfläche des Haufens quer über die Lattenprofile gespannt und die mittlere Entfernung der Bruchlinie vom Rande bestimmt. Diese letzteren Erhebungen konnten allerdings nicht immer mit der gewünschten Sicherheit gemacht werden, weil die Bruchlinie oft sehr unregelmässig gebildet war, wie aus drei, in den Figuren 3—5 dargestellten Aufnahmen ersichtlich ist.

Ich begann die erste Gruppe der Versuche zunächst mit dem Sande in natürlich feuchtem Zustande, wie er aus der Grube gekommen war und trocknete ihn dann allmählich, immer durch Ausbreiten auf dem Boden in dünnen Lagen. Diese Operation erforderte ziemlich lange Zeit, da mir für die Versuche nur ein Kellerraum zur Verfügung stand; andererseits war aber die dadurch bedingte grössere Beständigkeit des Wassergehaltes wieder vortheilhaft, nachdem ich die Versuche nur mit Unterbrechung anstellen konnte. Während der Herbstmonate mussten sie wegen anderer Geschäfte ganz unterbleiben und ich zog dann nach ihrer Wiederaufnahme vor, von dem zeitraubenden Trocknen ganz abzusehen, dafür aber neue Zustände durch künstliches Nässen zu schaffen.

Das absolute Gewicht, welches immer neben den Cohäsionshöhen festgestellt wurde, bestimmte die Verschiedenheit der einzelnen Versuchsreihen, so dass solche mit nahezu gleichem absoluten Gewicht zu einer einzigen Reihe zusammengefasst wurden. Das Nähere hierüber kann erst später angeführt werden.

Was die zweite Gruppe der Versuche betrifft, so hatte sie, wie gesagt, den Zweck, den Zusammenhang zwischen Gewicht und Feuchtigkeitsgehalt des Sandes festzustellen. Da derselbe bei allen Versuchen nur in möglichst lockerem Zustande zur Verwendung kam, die Verschiedenheit seines Gewichtes folglich nur durch den Wassergehalt bedingt sein

konnte, so musste aus dem Gewichte auf den Feuchtigkeitsgrad geschlossen werden können.

Ich liess eine grössere Menge Sand auf Blechen über
Feuer so trocken wie möglich machen, noch warm genau
wiegen und sogleich nach der Abkühlung auch messen*),
wobei der früher beschriebene Kasten von $1/_{20}$ Kb^m Inhalt
benützt wurde. Die so begrenzte Sandmasse wurde nun mit
kleinen Quantitäten Wasser nach und nach versetzt und damit solange fortgefahren, bis sie leichtflüssig zu werden
begann. Nach jedem Wasserzusatz erfolgte eine gründliche
Durcharbeitung der Masse und sodann die Bestimmung ihres
Gewichtes und Volumens, wobei zur Messung kleinerer Theile,
welche nicht mehr eine ganze Kastenfüllung ausmachten,
ein blechernes Litergefäss gebraucht wurde.

Das Einfüllen in die Gefässe geschah mit der grössten
Sorgfalt und während der verschiedenen Manipulationen
durfte auch nicht die kleinste Sandmasse verloren gehen.

Anfangs hatte ich geglaubt, den Feuchtigkeitsgrad des
Haufens durch Messung des ihm zuzusetzenden Wassers fest-
stellen zu können, es zeigte sich aber bald, dass immer ein
Theil desselben von dem Bodenbeleg aus gebrannten Steinen
aufgesaugt wurde, ein anderer Theil durch Verdunstung in
die Luft überging. Es ergab sich aber der wirkliche Wassergehalt sehr genau als Differenz aus dem jedesmaligen Gewicht der ganzen Sandmasse und jenem, welches dieselbe
im Zustande der grössten Trockenheit besessen hatte.

Die Grösse der den Versuchen unterstellten Sandmenge
war so gewählt worden, dass sie im absolut trockenen Zustande nahezu fünf ganze Kastenfüllungen betrug. Ihr speci-
fisches Gewicht wurde aus dem mittleren Gewicht einer
Kastenfüllung abgeleitet, dabei die mit dem Litergefäss

---

*) Diese Vorsicht war nöthig wegen der sehr bedeutenden Volum-
ergrösserung des Sandes durch Erwärmen.

gemessenen kleineren Sandmengen ganz ausser Betracht ge-
lassen, weil bei dem häufigen Füllen des kleinen Masses
Ungleichheiten in der Dichtigkeit schwerer vermieden werden
konnten. Zur Erläuterung des Gesagten soll hier ein Versuch
in seinen einzelnen Resultaten beigesetzt werden.

Der 1. Kasten = 50 Liter wog 70,980 Kilogramm
„ 2. „ = 50 „ „ 70,590 „
„ 3. „ = 50 „ „ 70,620 „
„ 4. „ = 50 „ „ 71,820 „
„ 5. „ = 50 „ „ 70,320 „
„ 6. „ = 50 „ „ 70,690 „
Der Rest von 14,5 „ „ 19,600 „

Mittleres Gewicht einer Kastenfüllung $\frac{425,020}{6} = 70,837$.

Die ganze Sand-
masse von 314,5 „ „ 444,620 „

$$\text{Specifisches Gewicht } s = \frac{70,837}{50} = 1,417.$$

2. Capitel.

Die Resultate der neuen Versuche.

Ich habe in diesem Capitel nicht allein das Endresultat
der einzelnen Versuche gegeben, sondern auch eine kurze
Beschreibung derselben, soweit sie sich auf die Cohäsionshöhen beziehen, einmal um eine vollständige Einsicht in
meine Arbeit zu ermöglichen, dann aber auch, weil ich
glaube, es könnte bei einer etwaigen Benützung derselben
die Kenntniss der jedesmal eingetretenen Erscheinungen er-
wünscht sein. Um diese Beschreibung unbeschadet der
Deutlichkeit auf den kleinsten Raum zu beschränken, habe
ich mir verschiedene Abkürzungen erlaubt.

Vor Allem ist zu bemerken, dass der Sand vor jedem
Versuche abgeräumt und neuerdings locker aufgeschüttet
worden ist, was hiemit ein für allemal constatirt wird, sodann dass alle Höhen schief, d. h. in der Böschung gemessen

sind, so dass ihre Projektionen auf die Vertikale den theoretischen Cohäsionshöhen entsprechen.

Der Winkel der Abstichsrichtung mit dem Lothe, im Gradmasse ausgedrückt, steht immer zu Anfang der Beschreibung, hierauf folgt die fortlaufende Nummer des Versuchs. Sämmtliche Höhen und Längen sind in Meter, die Gewichte in Kilogramm zu verstehen. Die Buchstaben B. L. bedeuten „Bruchlinie".

Beschreibung der Versuche über Cohäsionshöhen.

7. Juni, Vormittag.

10^0. 1) Es gelang, die schiefe Höhe 0,32 zu erreichen.

10^0. 2) Bei 0,21 Höhe entstand feiner Riss fast über die ganze Länge, an den Enden der Wand fielen bald Schalen ab, in der Mitte blieb ein Wandstück von 0,40 Länge stehen. Dasselbe fiel plötzlich, als die schiefe Höhe von 0,29 erreicht war.

10^0. 3) Bei 0,25 fiel eine Schale an der Seite ab. Bei 0,29 fielen 0,50 plötzlich, der Rest von circa 0,40 hielt sich noch bei 0,30, dann stürzte er plötzlich.

10^0. 4) Links und rechts fielen Schalen, eine Wand von 1,20 Länge hielt sich sehr gut. Als sie die Höhe 0,27 erreicht hatte, fielen 0,90 plötzlich. Der Rest in der Mitte erhielt sich noch bei 0,29.

Gewichtsbestimmung: 6 Wägungen ergaben 71,770, 72,000, 71,250, 71,630, 70,930, 70,280.

7. Juni, Nachmittag.

0^0. 5) Während der Arbeit fielen fortwährend Schalen ab, in der Mitte blieb eine Wand von 0,25 Länge stehen. Sie hielt sich bei 0,24, dann fiel sie plötzlich.

0^0. 6) Von der Seite aus bröckelte sich die Wand fortwährend ab, indem sich nahe am Rand Risse bildeten, die sich bei jedem Absturz einer Schale weiter fortsetzten. In der Mitte blieb eine 0,60 lange Wand stehen. Bei **0,20** hielt sie sich im Ganzen, dann fielen plötzlich 0,30 ab. Der Rest fiel bei **0,21**.

0°. 7) Wieder rutschte der grössere Theil schon bei Beginn der Arbeit zusammen. Zwei getrennte Theile von 0,40 und 0,60 Länge blieben stehen. Das eine Stück erhielt sich noch bei **0,15**, das andere noch bei **0,17**.

0°. 8) Gleich anfangs entstanden Risse, welche den grössten Theil der Wand abbröckeln machten. In der Mitte blieben 0,30 stehen, welche bis **0,19** im Gleichgewichte waren.

0°. 9) Die Wand erhielt sich diessmal besser. Bei **0,18** fielen 0,50 plötzlich, der Rest von 0,80 Länge erhielt sich noch bei **0,20**, dann fiel er plötzlich.

Gewichtsbestimmung: 3 Wägungen ergaben 70,700, 72,470, 70,980.

14. Juni, Vormittag.

10°. 1) Es fielen nach und nach einzelne Schalen ab. Ein Wandstück von 0,80 Länge erhielt sich sehr gut bis zur Tiefe **0,21**, da fiel es plötzlich zur Hälfte. Der Rest hielt sich eben noch bei **0,22**.

10°. 2) Die Wand erhielt sich auf 1,50 Länge ohne Riss bis zur Höhe **0,20**. Da fielen plötzlich aus der Mitte 0,50 ab, gleich darauf daneben noch 0,40. Der Rest von 0,50 Länge zeigte einen feinen Riss, circa 0,06 vom Rande entfernt. Er erhielt sich bei **0,22** gerade noch, dann fiel er plötzlich.

10°. 3) Die ganze Wand von 1,50 Länge stand bei **0,26** ohne Riss. Da bildete sich circa 0,12 vom Rande ein Riss und es fielen plötzlich 0,90 ab. Der Rest neigte sich oben etwas über, hielt sich eben noch bei **0,27**. B. L. circa **0,06** vom Rande entfernt.

Gewichtsbestimmung: 7 Wägungen ergaben 71,030, 71,960, 71,710, 70,710, 72,430, 71,150, 70,600.

14. Juni, Nachmittag.

0°. 4) Schon anfangs entstanden verschiedene Risse längs der lockeren Kante, so dass sich der grössere Theil der Wand abbröckelte. Ein Stück erhielt sich bei **0,11**.

0°. 5) Ein Stück erhielt sich bei **0,10**, ein anderes bei **0,11**.

0°. 6) Es markirten sich drei getrennte Wandstücke durch dazwischen ausgebrochene Schalen. Ein Stück hielt sich bis **0,12**, das andere bis **0,15**, beim dritten entstand jetzt ein Riss, es neigte sich etwas über und fiel bei **0,18**.

0°. 7) Bei **0,11** hielt sich die Wand, dann fielen 0,90 plötzlich; der Rest von 0,60 Länge erhielt sich noch bei **0,14**.

0°. 8) Als die Höhe von 0,07 erreicht war, fiel am Ende eine Schale von 0,15 Länge ab, bei 0,09 eine 0,20 lange, sodann eine 0,30 lange Schale, bei 0,10 endlich eine von 0,35 Länge. Zwei getrennte Wandstücke von je 0,30 Länge blieben stehen. Als die Höhe **0,11** erreicht war, bildete sich bei beiden ein feiner Riss circa 0,04 vom Rande worauf das eine plötzlich einstürzte, während sich das andere noch bei **0,14** standhaft erhielt.

10°. 9) Die Wand stand im Ganzen ohne Riss. Bei **0,24** fielen plötzlich 0,40 ab, gleich darauf im Anschlusse daran 0,30. Bei **0,30** fielen 0,40, ohne dass vorher ein Riss entstanden war. Der Rest, 0,50 lang, zeigte in halber Höhe auf seiner ganzen Länge eine Ausbauchung und erhielt sich noch bei **0,32**.

Gewichtsbestimmung: 4 Wägungen ergaben 72,000 72,870, 72,430, 72,200.

16. Juni, Vormittag.

10°. 1) Bei **0,26** am Ende eine Schale. Bei **0,30** stürzten 0,7 plötzlich ohne vorhergegangenen Riss, B. L. durchschnittlich circa 0,10 vom Rand. Bei 0,32 Schale am Ende. Bei **0,33** fiel der Rest von 0,45 Länge ohne Riss plötzlich. B. L. vielfach eingebuchtet, durchschnittlich 0,10 vom Rande.

10°. 2) Bei 0,15 Riss am rechten Ende, bei 0,20 eine Schale. Bei **0,23** fiel die ganze Wand, nachdem schon vorher verschiedene feine Risse entstanden waren.

21. Juni, Vormittag.

10°. 1) Als die Wand auf 0,60 Länge die Tiefe **0,23** erreicht hatte, fiel sie soweit plötzlich ab und es bildete sich circa 0,05 vom Rande ein Riss über die ganze Länge. Gleich darauf fielen von der übrigen **0,22** hohen Wand 0,40 ab. Der Rest erhielt sich bei **0,23**.

10°. 2) Bei 0,24 feiner Riss circa 0,07 vom Rande, welche bald über die ganze Länge hinlief. Bei **0,27** fiel plötzlich ein Wandstück von 0,70 Länge rechts, B. L. circa 0,08 vom Rande. Bei **0,28** fielen plötzlich 0,50 am linken Ende, B. L. circa 0,07 vom Rande. In der Mitte blieb ein 0,30 langes Stück stehen, welches erst bei **0,32** fiel.

Gewichtsbestimmung: 5 Wägungen ergaben 70,990, 71,070, 72,020, 71,470, 71,680.

15″. 3) Bei 0,30 zeigte sich ein feiner Riss in der Mitte, welcher sich bald bis an's rechte Ende fortsetzte. Bei 0,39 rechts eine Schale. Als die Wand auf 0,60 Länge die Höhe **0,40** erreicht hatte, fiel sie soweit plötzlich, ohne dass vorher ein Riss beobachtet worden war. Gleich darauf fiel der Rest von 0,70 Länge bei **0,39**. B. L. circa 0,10 vom Rande.

28. Juni, Vormittag.

10″. 1) Bei **0,22** stand die ganze Wand ohne Riss; plötzlich fielen aus der Mitte 0,65 ab, B. L. circa 0,05. Bei den links und rechts stehen gebliebenen Theilen zeigte sich kein Riss. Das linkseitige 0,6 lange Stück erhielt sich noch bei 0,26, dann fiel es, B. L. circa 0,05, ein zweiter Riss bei 0,10. Das rechtseitige 0,40 lange Stück zeigte einen Riss bei 0,06, als es die Höhe 0,23 erreicht hatte. Bei **0,25** fiel es.

15°. 2) Bei **0,32** stand die ganze Wand ohne Riss. Plötzlich fielen 1,00 aus der Mitte ab, bald darauf 0,50 daneben, B. L. circa 0,06, ein zweiter Riss bei 0,13. Die 0,40 lange Wand rechts erhielt sich mit einem feinen Riss noch bei **0,37**.

15°. 3) Die Wand stand bei **0,34** ohne jeden Riss, da fiel sie plötzlich im Ganzen, 1,60 lang. Ihre B. L. ist in Fig. 5 dargestellt.

Gewichtsbestimmung: 3 Wägungen ergaben 72,230, 71,700, 71,460.

28. Juni, Nachmittag.

15°. 4) Bei **0,32** noch kein Riss bemerklich, plötzlich fielen am linken Ende 0,65 ab, B. L. durchschnittlich bei 0,13. Der übrige Theil von 1,10 Länge zeigte bei **0,35** noch keinen Riss. Als man aber etwas tiefer gehen wollte, fiel er plötzlich. B. L. parallel zum Rand bei 0,13, ein zweiter Riss bei circa 0,20.

15°. 5) Bei **0,32** noch kein Riss, plötzlich fielen rechts 0,65 ab, B. L. durchschnittlich bei 0,11. Der übrige Theil von 1,30 Länge hielt sich mit einer kleinen Ausbauchung noch bei **0,37**, B. L. parallel zum Rande bei 0,10, streckenweise ein zweiter Riss bei circa 0,14. Der sichtbare Theil der Bruchfläche erschien lothrecht.

5. Juli, Vormittag.

15°. 1) Bei 0,25 zeigte sich ein Ueberhängen der Wand, bald auch eine Ausbauchung. Bei **0,31** fielen links .0,60, ohne dass sich ein Riss vorher gezeigt hätte. Der stehen gebliebene Theil zeigte Risse bei 0,08 und 0,11. Als er auf eine Länge von 0,90 die Höhe **0,31** erreicht hatte, fiel er soweit zusammen, B. L. bei 0,08. Rechts stand der Rest von 0,40 Länge mit feinem Riss bei 0,14, stellenweise ein Riss bei 0,09. Bei **0,36** fiel dieser Theil, B. L. bei 0,09.

15°. 2) Die ganze Wand stand bei **0,32** ohne Riss. Plötzlich fielen 0,90 aus der Mitte, bald darauf 0,40 rechts daneben. B. L. circa 0,09, zweiter Riss circa 0,14; beim zweiten Stück B. L. circa 0,10. Links blieben 0,60 stehen, feiner Riss über die ganze Länge bei 0,14. Es erhielt sich noch bei **0,35**, B. L. circa 0,14, Die Bruchfläche erschien oben, soweit sie sichtbar war, lothrecht.

Gewichtsbestimmung: 8 Wägungen ergaben 71,920, 71,500, 71,900, 71,910, 71,660, 72,110, 72,400, 72,090.

5. Juli, Nachmittag.

15°. 3) Bei 0,25 feine Risse in der Mitte. Als die Wand auf ³/₄ ihrer Länge auf **0,33** gebracht war, fielen aus der Mitte 0,70 ab, B. L. circa 0,10. Das linke Ende von 0,65 Länge hielt sich noch bei **0,34**, dann fiel es, B. L. 0,08, zweiter Riss 0,15 ziemlich parallel zum Rande. Rechts hielten sich noch 0,65 bei **0,36**, dann fielen 0,50 davon ab.

10°. 4) Bei 0,21 entstand rechts ein Riss 0,07. Bei **0,26** fielen rechts 0,85, B. L. circa 0,08. Bei **0,27** fielen links 0,35. An dem Rest von 0,40 Länge erschien ein Riss 0,13, bei **0,31** fiel er, B. L. circa 0,10.

10°. 5) Bei 0,25 fielen 0,90, B. L. 0,06. Bei **0,28** fielen die übrigen 0,50, B. L. 0,08, ein zweiter Riss 0,14.

10. Juli, Nachmittag.

15°. 1) Bei 0,30 stellenweise feiner Riss. Bei **0,31** fielen rechts 1,20 plötzlich. Der Rest von 0,80 Länge hielt sich noch bei **0,33**. B. L. siehe in Fig. 3 und 4.

Gewichtsbestimmung: 5 Wägungen ergaben 73,090, 72,800, 73,550, 72,890, 73,770.

15°. 2) Bei 0,23 hing die Wand etwas über. Bei **0,30** fielen rechts 0,40 ohne Riss, B. L. circa 0,10. Später fielen links 0,60 bei **0,30**, B. L. 0,09. Der Rest von 1,00 Länge in der Mitte hing stark über und zeigte an seinem Fuss eine Ausbauchung; er fiel bei **0,35** zum grössten Theil, B. L. 0,09, ein zweiter Riss 0,20.

12. Juli, Vormittag.

10°. 1) Bei 0,26 entstand ein Riss 0,12. Die Wand von links nach rechts auf die Länge von 1,00 bis **0,27** abgestochen, fiel so weit plötzlich, B. L. 0,12. Am stehen gebliebenen Theil von 0,70 Länge erweiterten sich die Risse, es entstand eine Ausbauchung und er fiel bei **0,26**.

10°. 2) Bei 0,26 stellenweise ein Riss bei 0,11. Die Wand 0,70 lang auf **0,27** abgestochen, fiel plötzlich auf diese Länge, B. L. 0,10. Bald darauf fielen 0,60 rechts bei **0,26**, B. L. bei 0,10 ganz parallel zum Rande.

10°. 3) Bei **0,26** noch kein Riss, dagegen eine Ausbauchung, plötzlich fielen rechts 0,55 ab, B. L. 0,09 parallel zum Rande. Bei 0,27 entstand stellenweise ein Riss 0,14. Bei **0,28** fielen 0,85 ab, B. L. 0,08, ein zweiter Riss 0,14 parallel zum Rande.

Gewichtsbestimmung: 5 Wägungen ergaben 72,070, 72,090, 71,970, 72,870, 71,550.

12. Juli, Nachmittag.

15°. 4) Bei **0,32** kein Riss sichtbar, plötzlich stürzten links 0,40, gleich darauf 0,70 daneben, B. L. ca. 0,09, zweiter Riss ca. 0,14. Der Rest von 0,90 Länge fiel bei **0,37** theilweise, B. L. ca. 0,10.

19. Juli, Vormittag.

15°. 1) Bei 0,25 entstanden feine Risse. Bei **0,33** fielen am linken Ende 0,60 ohne Riss, B. L. bei 0,11. Bei 0,34 stürzten 0,80 zusammen, B. L. ca. 0,08.

Gewichtsbestimmung: 9 Wägungen ergaben 72,850, 72,930, 72,760, 73,920, 73,420, 73,140, 72,890, 73,120, 72,960.

10°. 2) Bei 0,20 links feine Risse. Bei **0,22** fielen

rechts 1,10 ohne Riss, B. L. 0,09. Bei **0,23** fiel der Rest von 0,55 Länge, B. L. 0,09 parallel zum Rande.

19. Juli, Nachmittag.

10°. 3) Bei **0,19** entstand ein Riss und es fielen 0,55 ab, B. L. 0,06 und 0,09, sehr buchtig. Bei **0,22** entstand ein Riss längs der stehengebliebenen Wand von 0,85 Länge in der Entfernung 0,10 und es fielen bald darauf 0,40 ab, B. L. 0,07. Bei **0,24** fiel der Rest, B. L. ca. 0,07 und 0,10.

10°. 4) Bei 0,21 stellenweise feine Risse. Bei **0,22** fielen 0,80 ab, B. L. 0,08, stellenweise zweiter Riss 0,12. Der Rest von 0,70 Länge fiel plötzlich noch bei 0,22, B. L. 0,08.

10°. 5) Bei 0,20 links feine Risse in den Abständen 0,06 und 0,08. Bei **0,21** stürzten 0,50 am linken Ende ab, B. L. 0,08 ziemlich scharf. Bei 0,23 entstand an der stehengebliebenen Wand ein feiner Riss in der Entfernung 0,09. Bei **0,24** fielen rechts 0,60 ab, B. L. 0,08. Der Rest von 0,50 Länge in der Mitte fiel bei **0,27**, B. L. 0,08, ein zweiter Riss bei 0,14.

15°. 6) Bei **0,25** kein Riss, plötzlich stürzten 0,70 aus der Mitte ab, B. L. ca. 0,07, zweiter Riss 0,11, dritter Riss 0,17. Bei **0,29** fielen 0,50, B. L. 0,07, zweiter Riss 0,13. Bei **0,31** fiel der Rest, B. L. wie vorher.

20. Juli, Vormittag.

15°. 1) Bei 0,23 entstanden feine Risse. Bei **0,24** stürzten 0,55 links ab, B. L. 0,09. Bei **0,27** fielen 0,50 rechts. Bei **0,30** fiel der Rest von 0,80 Länge. B. L. jedes Mal sehr buchtig.

Gewichtsbestimmung: 4 Wägungen ergaben 72,480 72,500, 71,900, 73,450.

26. Juli, Nachmittag.

15°. 1) Bei 0,25 entstanden feine Risse. Bei **0,27** fielen 0,90 aus der Mitte, B. L. 0,09. Bei **0,29** fielen 0,55 ab, B. L. ganz unregelmässig.

Gewichtsbestimmung: 3 Wägungen ergaben 73,660, 73,130, 73,750.

28. Juli, Vormittag.

15°. 1) Bei 0,22 entstanden feine Risse. Als die ganze Wand auf **0,23** gebracht war, fielen rechts plötzlich 0,45 ab, gleich darauf 0,45 im Anschluss daran, B. L. 0,09, zweiter Riss 0,14. Die übrige Wand von 1,10 Länge fiel bei **0,28**, B. L. 0,10, stellenweise ein zweiter Riss ca. 0,15.

15°. 2) Kein Riss. Bei **0,24** fielen 1,00 ab, B. L. sehr unregelmässig. Bei **0,28** fiel der Rest.

15°. 3) Bei **0,27** noch kein Riss sichtbar. Plötzlich fiel von der 2,00 langen Wand die Hälfte ab, gleich darauf die andere Hälfte, B. L. sehr unregelmässig.

Gewichtsbestimmung: 7 Wägungen ergaben 74,980, 74,400, 74,990, 75,300, 75,020, 74,330, 76,080.

10°. 4) Bei **0,22** noch kein Riss. Plötzlich fielen rechts 0,40 ab, B. L. 0,09. Als die stehengebliebene Wand von links nach rechts 0,80 weit auf **0,23** abgestochen war, fiel sie auf diese Länge ohne vorhergegangenen Riss, B. L. 0,09. Der Rest von 0,40 Länge fiel bei **0,24**, B. L. 0,10 parallel zum Rande.

28. Juli, Nachmittag.

10°. 5) Bei **0,22** entstanden feine Risse und es fielen 0,40 rechts ab, gleich darauf noch 0,70 daneben, B. L. 0,07 und 0,05. Der Rest von 0,60 Länge hielt sich noch bei **0,23**, da öffnete sich langsam ein Riss in der Entfernung 0,12 vom Rande und es fiel die Wand mit einer B. L. parallel zum Rande bei 0,09.

10°. 6) Als die Wand 0,85 weit auf **0,19** vertieft worden war, fiel sie so weit plötzlich ohne Riss. Der Rest von 0,70 Länge fiel in 2 Theilen bei **0,18**. B. L. durchgängig 0,06.

10°. 7) Bei 0,16 feine Risse. Als die Wand 0,80 weit auf **0,19** gebracht war, fielen davon 0,50 ab. Der Rest dieses

Theiles von 0,30 Länge fiel bei 0,21. Die übrige Wand von 0,80 Länge hielt sich noch bei **0,21**, B. L. sehr unregelmässig.

15°. 8) Bei **0,24** entstanden feine Risse, gleich darauf fielen rechts 1,10 ab, B. L. 0,09. Bei **0,25** fielen links 0,40. Der Rest von 0,50 Länge in der Mitte war stark ausgebaucht, er fiel bei **0,25**, B. L. 0,07, zweiter Riss 0,12.

Gewichtsbestimmung: 3 Wägungen ergaben 75,430, 75,100, 74,900.

14. August, Vormittag.

15°. 1) Bei **0,25** fielen plötzlich 0,50 am rechten Ende. Ein Riss 0,10 erstreckte sich ein Stück weit über die stehengebliebene Wand. Bei **0,26** fielen 0,40 links ab, gleich darauf 0,80 aus der Mitte, B. L. 0,10.

Gewichtsbestimmung: 5 Wägungen ergaben 74,950, 74,470, 75,120, 74,250, 75,000.

10°. 2) Bei 0,17 wurde feiner Riss bemerkbar. Als die Wand auf $^2/_3$ ihrer Länge **0,22** tief abgearbeitet war, fielen aus der Mitte 0,70, B. L. 0,08 ganz parallel zum Rande. Der Rest am linken Ende hielt sich noch bei **0,23**, B. L. ca. 0,08.

14. August, Nachmittag.

20°. 3) Bei **0,37** noch kein Riss sichtbar. Plötzlich fielen 0,90 aus der Mitte ab. Ein feiner Riss bildete sich streckenweise über den stehen gebliebenen Theilen. Bei **0,38** fielen 0,60 rechts ab, B. L. 0,07 bis 0,12, sehr unregelmässig, stellenweise zweiter Riss bei ca. 0,16.

15. August, Vormittag.

20°. 1) Bei **0,31** kein Riss, plötzlich fielen rechts 0,90 ab, B. L. ca. 0,10, zweiter Riss ca. 0,14. Bei **0,32** fielen 0,50 daneben. Der Rest von 0,65 Länge erhielt sich mit starker Ausbauchung noch bei **0,35**, B. L. ca. 0,09 bis 0,10, sehr unregelmässig, zweiter Riss ca. 0,14.

20°. 2) Bei **0,35** zeigte sich noch kein Riss. Plötzlich

fielen 1,30 rechts ab, gleich darauf der Rest von 0,60 Länge links, B. L. ca. 0,09, sehr unregelmässig, zweiter Riss 0,16.

20°. 3) Bei 0,33 noch kein Riss, plötzlich fielen rechts 0,80 ab. Als die übrige Wand von 1,10 Länge zur Hälfte bis auf 0,38 gebracht war, fiel die andere Hälfte derselben bei **0,37**, bald darauf der übrige Theil von 0,50 Länge bei **0,38**. B. L. ganz unregelmässig.

Gewichtsbestimmung: 5 Wägungen ergaben 74,410, 74,570, 73,970, 74,280, 73,700.

18. August, Vormittag.

15°. 1) Bei **0,21** stürzten rechts 0,50 ab ohne Riss, B. L. 0,05 ziemlich parallel zum Rande. Bei **0,22** fielen 0,65 aus der Mitte, B. L. 0,05. Der Rest fiel bei **0,25**, B. L. 0,08 parallel zum Rande.

10°. 2) Bei **0,19** fielen 0,55 aus der Mitte, B. L. ca. 0,05. Bei **0,20** fielen 0,30 am rechten Ende, B. L. ca. 0,06 bis 0,07. Bei **0,20** daneben 0,30, B. L. wie vorher. Bei **0,21** endlich links 0,40, B. L. 0,07 und 0,08.

Gewichtsbestimmung: 5 Wägungen ergaben 75,010, 75,320, 74,520, 76,190, 75,040.

18. August, Nachmittag.

10°. 3) Bei **0,20** kein Riss sichtbar. Plötzlich fielen rechts 1,00 ab, B. L. ca. 0,07. Bei **0,21** fiel links der Rest von 0,70 Länge, B. L. 0,07.

15°. 4) Bei **0,23** stürzten 0,70 aus der Mitte, bei **0,25** daneben 0,40. Links hielt sich ein Theil von 0,55 Länge noch bei **0,34**, zeigte dabei eine starke Ausbauchung. Der Rest auf der rechten Seite fiel bei **0,23**. B. L. unregelmässig.

15°. 5) Bei **0,23** fielen rechts 0,40 ab, B. L. 0,09. Bei **0,25** aus der Mitte 0,50, gleich darauf der Rest von 0,70 Länge, B. L. 0,07 scharf, theilweise ca. 0,09.

Gewichtsbestimmung: 1 Wägung ergab 75,420.

19. August, Vormittag.

15°. 1) Bei 0,30 noch kein Riss. Bei **0,31** fielen links 0,50 ab, später 0,85 bei derselben Höhe **0,31**.

Gewichtsbestimmung: 5 Wägungen ergaben 74,180, 74,760, 74,980, 74,830, 74,000.

15°. 2) Bei **0,22** fielen 1,10 aus der Mitte. Bei **0,245** rechts 0,55. Bei **0,23** links 0,30.

10°. 3) Bei **0,14** entstanden Risse. Bei **0,17** stürzten 0,60 aus der Mitte. Bei **0,18** links 0,65. Bei **0,18** rechts 0,40. B. L. unregelmässig, beim letzten Stück 0,07.

Gewichtsbestimmung: 1 Wägung ergab 74,860.

10°. 4) Bei 0,14 Risse. Bei **0,165** fielen links 0,40, bei **0,17** aus der Mitte 0,50, bei **0,22** rechts 0,65. B. L. unregelmässig.

23. August, Vormittag.

15°. 1) Bei 0,17 Risse und Schale aus der Mitte. Bei **0,19** fiel die Wand plötzlich.

10°. 2) Bei 0,13 stellenweise Risse. Bei **0,14** stürzten rechts 0,55 ab, B. L. 0,05. Der Rest von 1,10 Länge hielt sich noch bei 0,16, B. L. 0,05.

10°. 3) Kein Riss. Bei **0,15** fielen rechts 0,40, bei **0,16** daneben 0,30, später bei **0,16** noch 0,30, der Rest von 0,45 Länge bei **0,19**. B. L. ganz unregelmässig.

15°. 4) Bei **0,22** kein Riss, als plötzlich 0,60 auf der rechten Seite abfielen, etwas später 0,65 bei **0,22**, so dass zwischen beiden noch ein Stückchen von 0,10 Länge übrig blieb. B. L. beim ersten Stück 0,06 scharf, beim zweiten Stück 0,08. Der Rest fiel bei **0,29**, B. L. ganz unregelmässig.

15°. 5) Bei **0,19** fielen 0,40 aus der Mitte, bei **0,20** links 0,40, bei **0,22** in der Mitte 0,30, bei **0,23** rechts 0,60, bei **0,24** der 0,30 lange Rest. B. L unregelmässig.

Gewichtsbestimmung: 6 Wägungen ergaben 76,450 76,800, 76,570, 77,150, 76,750, 77,200.

23. August, Nachmittag.

15⁰. 6) Bei **0,19** noch kein Riss, als plötzlich rechts 0,55 abfielen, B. L. 0,06, an der Latte blieben 0,15 hängen. Bei **0,215** fielen 0,70 aus der Mitte, B. L. 0,07. Bei **0,22** stürzte der 0,60 lange Rest links, ohne vorher Risse gezeigt zu haben, B. L. 0,08. Die B. L. aller Stücke waren diessmal parallel zum Rande.

10⁰. 7) Als die Wand zur Hälfte die Höhe **0,17** erreicht hatte, fielen links 0,60 ab, an der Latte blieben 0,20 stehen, B. L. scharf bei 0,06. Von der anderen Hälfte fielen bald darauf 0,65 bei **0,16**. B. L. ca. 0,06.

10⁰. 8) Bei **0,16** fielen plötzlich 0,75 auf der rechten Seite, ohne dass zuvor ein Riss entstanden war, bei **0,17** plötzlich 0,85. Zwischen beiden blieb ein Stückchen von 0,03 stehen. B. L. ganz unregelmässig.

15⁰. 9) Bei **0,21** feiner Riss, gleich darauf stürzten 0,90 aus der Mitte, B. L. 0,05 und 0,08. Bei **0,235** fielen links 0,50, B. L. 0,10. Der Rest von 0,30 Länge fiel bei **0,27**, B. L. 0,06 parallel zum Rande.

Gewichtsbestimmung: 4 Wägungen ergaben 76,050, 76,240, 76,550, 77,170.

24. August, Vormittag.

10⁰. 1) Bei 0,13 Risse. Bei **0,18** stürzten links 0,50, später auch bei **0,18** noch 0,55. Der Rest von 0,50 Länge fiel bei **0,23**. B. L. sehr unregelmässig.

15⁰. 2) Kein Riss. Bei **0,24** stürzten links 0,40 ab, bei **0,25** fast die ganze übrige Wand von 1,10 Länge ohne Riss. B. L. sehr unregelmässig.

Gewichtsbestimmung: 5 Wägungen ergaben 75,600, 75,350, 75,880, 76,100, 74,810.

Während der Herbstmonate blieb der Sand aufgehäuft liegen. Im November wurden die Versuche wie früher fortgesetzt.

24. November, Vormittag.

15°. 1) Bei 0,14 entstanden Risse 0,06 und 0,08. Bei **0,17** fielen 0,90 aus der Mitte, bei **0,18** links 0,35, bei **0,20** rechts 0,35. B. L. durchgängig 0,06.

15°. 2) Bei 0,15 entstanden Risse 0,05. Bei **0,18** fielen 0,55 aus der Mitte, bei **0,19** links 0,80, bei **0,20** der Rest. B. L. durchgängig 0,05 und 0,06.

10". 3) Bei **0,15** fielen links 0,40 ab, bei **0,16** fast der ganze übrige Theil. B. L. 0,05.

25. November, Vormittag.

10°. 1) Bei 0,13 fiel rechts eine Schale. Bei **0,14** stürzten links 0,50, bei **0,15** rechts 0,30, der Rest von 0,50 Länge in der Mitte hielt sich noch bei **0,15**. B. L. durchgängig 0,05.

20°. 2) Bei 0,22 und 0,24 fielen Schalen neben den Latten ab. Bei **0,27** stürzten rechts 0,35 ohne Riss. Die Wand von 1,00 Länge in der Mitte hielt sich noch bei **0,29**, dann fiel sie plötzlich, B. L. 0,09.

20°. 3) Bei 0,22 an der linken Latte Schale. Bei **0,26** kein Riss, plötzlich fielen 0,55 aus der Mitte, gleich darauf noch 0,35 daneben. Bei **0,28** fielen rechts 0,45 ohne Riss. Ein Mittelstück von 0,30 Länge hielt sich noch bis **0,30**. B. L. 0,07 scharf, ein kurzes Stück weit 0,04.

Gewichtsbestimmung: 8 Wägungen ergaben 78,070, 78,250, 78,210, 77,580, 78,220, 77,470, 77,990, 77,370.

27. November, Vormittag.

15°. 1) Bei 0,17 feine Risse. Bei **0,18** fielen 0,80 aus der Mitte, bei **0,20** links 0,70, bei **0,21** rechts 0,40. B. L. 0,05 und 0,06.

15°. 2) Bei 0,18 feine Risse. Als die Wand 1,30 weit auf **0,21** gebracht war, stürzten in der Mitte 0,60 ab. Rechts hielt sich die 0,80 lange Wand bei **0,22** und löste sich dann langsam ab. Bei **0,23** fiel der Rest. B. L. 0,05 und 0,07.

28. November, Vormittag.

10°. 1) Bei 0,12 feine Risse, bei 0,15 rechts eine Schale. Bei **0,16** fielen links 0,40 plötzlich, bei **0,15** rechts 0,60, der Rest bei **0,17**. B. L. durchgängig 0,05.

10°. 2) Bei 0,16 rechts und links eine Schale. Bei **0,16** stürzten 0,65 ab, bei **0,18** weitere 0,55. B. L. sehr scharf bei 0,07.

Gewichtsbestimmung: 2 Wägungen ergaben 77,070, 78,050.

29. November, Vormittag.

15°. 1) Bei 0,16 feine Risse. Bei 0,18 rechts, bei 0,20 links eine Schale. Bei **0,21** stürzten rechts 0,60 ab, bei **0,22** links 0,35, bei **0,23** die Mitte von 0,55 Länge. B. L. durchgängig ca. 0,07.

15°. 2) Bei **0,20** noch kein Riss, plötzlich fielen rechts 0,80 ab. In der Mitte stand eine 1,00 lange Wand mit merklicher Ausbauchung ohne Riss, welche sich gerade noch bei **0,24** erhielt. B. L. 0,06 und 0,08 scharf.

10°. 3) Bei 0,16 feine Risse, bei 0,17 links eine Schale. Bei **0,18** fielen plötzlich 0,65 ab, etwas später bei **0,18** noch 0,70. B. L. ca. 0,05.

Gewichtsbestimmung: 3 Wägungen ergaben 77,870, 77,700, 77,870.

30. November, Vormittag.

20°. 1) Bei 0,20 rechts eine Schale. Bei **0,27** fielen rechts 0,50, bei **0,30** links 0,55, der Rest von 0,50 Länge bei **0,31**. B. L. durchgängig 0,08.

20°. 2) Bei **0,27** fielen plötzlich auf der linken Seite 0,50 ohne Riss, bei **0,29** ohne Riss 0,80, bei **0,32** auf der rechten Seite 0,65 ohne Riss. B. L. unregelmässig, stellenweise zweiter Riss scharf bei 0,12.

Gewichtsbestimmung: 5 Wägungen ergaben 78,180, 77,400, 77,450, 77,250, 77,700.

Der Sand wurde jetzt auf dem Boden ausgebreitet, mit ca. 303 Kilogramm Wasser befeuchtet und mehrere Tage hinter einander gründlich durchgearbeitet. Hierauf wurden die Versuche in der gewöhnlichen Weise wieder aufgenommen.

5. December, Vormittag.

10°. 1) Bei 0,14 entstand ein Riss nahe am Rande, welcher sich bald über die ganze Wand ausbreitete und klaffend wurde. Trotzdem fiel dieselbe erst bei **0,28** in zwei Theilen, wobei die Bruchlinie ganz unregelmässig sich bildete.

10°. 2) Bei 0,14 Risse 0,05 und 0,07, welche bei 0,18 längs der ganzen Wand sichtbar waren. Bei **0,29** fielen rechts 0,85 ab, B. L. scharf bei 0,07, Bruchfläche fast überhängend. Bei 0,30 entstand zweiter Riss 0,13, bald noch mehrere weiter zurück. Bei **0,31** fielen links 0,30 ab, bald darauf der Rest, B. L. 0,05.

0°. 3) Bei 0,10 Risse, rechts eine Schale. Bei **0,15** stand die Wand mit klaffenden Rissen, dann fiel sie stückweise ein. B. L. ca. 0,04.

0°. 4) Bei 0,07 stellenweise Risse, bei 0,12 links und rechts Schalen und auf der ganzen Länge Risse ca. 0,04, welche bald stark klafften. Bei **0,15** fiel der grösste Theil, der Rest bei **0,16**. B. L. 0,04. Die Bruchfläche lothrecht bis unten hin.

Gewichtsbestimmung: 8 Wägungen ergaben 70,300, 70,770, 71,370, 70,670, 70,320, 70,620, 70,570, 71,020.

6. December, Vormittag.

10°. 1) Bei 0,16 Risse. Bei **0,26** fielen links plötzlich 1,00, bei **0,27** der grössere Theil der stehen gebliebenen Wand, bei **0,28** der Rest. B. L. sehr unregelmässig.

10°. 2) Bei 0,18 stellenweise Risse. Bei **0,25** fielen rechts 0,40 ab. Eine Wand von 1,30 Länge hielt sich sehr schön, ohne Riss, bei **0,33**, dann fiel sie plötzlich, B. L. 0,08, zweiter Riss 0,17.

0°. 3) Gleich anfangs fielen Schalen ab. Bei 0,13 Risse über die ganze Länge der Wand, welche sich allmählich erweiterten. Bei **0,14** fiel der grösste Theil derselben, B. L. 0,05 und 0,04. Die Bruchfläche ganz lothrecht.

0°. 4) Bei 0,08 links Schale. Bei **0,13** fiel die eine Wandhälfte, bei **0,14** die andere.

Gewichtsbestimmung: 3 Wägungen ergaben 70,200, 71,200, 70,600.

Der Sand wurde jetzt wieder ausgebreitet, mit ca. 113 Kilogramm Wasser benetzt und gründlich durchgearbeitet, hierauf die Versuche wie bisher fortgesetzt.

13. December, Vormittag.

10°. 1) Bei 0,15 stellenweise Risse. Bei **0,30** fielen links 0,50 ab, bei **0,31** daneben nochmals 0,50. Der Rest von 0,75 Länge hielt sich noch bei **0,37** mit starker Ausbauchung, dann fiel er plötzlich. B. L. durchgängig 0,10, theilweise 0,16.

10°. 2) Bei 0,18 vereinzelte Risse. Bei **0,29** fielen links 0,65 ab, bei **0,31** daneben 0,60. Der Rest von 0,40 Länge hielt sich noch bei **0,45** mit grosser Ausbauchung. B. L. sehr unregelmässig.

0°. 3) Bei 0,10 Schale, ebenso bei 0,14. Bei **0,18** fielen rechts 0,65, bei **0,19** der Rest von 0,60 Länge. B. L. ganz unregelmässig.

0°. 4) Bei 0,12 feine Risse, welche bald längs der ganzen Wand hinliefen und stark klaffend wurden. Als die Wand die Höhe **0,19** erreicht hatte, fielen plötzlich 0,80 ab. Der Rest fiel bei **0,20** stückweise. B. L. durchgängig 0,05, Bruchfläche lothrecht.

Gewichtsbestimmung: 5 Wägungen ergaben 69,250, 68,820, 69,850, 69,250, 69,570.

14. December, Vormittag.

10°. 1) Bei 0,18 stellenweise Risse. Bei **0,31** rechts

plötzlich 0,40, B. L. 0,10. Bei **0,36** rechts 0,70, B. L. 0,10. Der Rest von 0,50 Länge konnte bis **0,41** abgestochen werden, B. L. 0,08 parallel zum Rande.

10°. 2) Bei 0,21 Risse. Bei **0,30** fielen rechts 0,40, bei **0,31** daneben 0,85, bei **0,35** links 0,35. B. L. ganz unregelmässig.

0°. 3) Bei 0,11 rechts eine Schale. Bei **0,20** klafften die Risse sehr stark, die Wand fiel stückweise, B. L. 0,07. Bruchfläche lothrecht.

0°. 4) Bei 0,13 Risse. Bei **0,18** fielen rechts 0,80 ab, bei **0,19** in der Mitte 0,30, der Rest bei **0,20**. B. L. unregelmässig, Bruchfläche lothrecht.

Gewichtsbestimmung: 5 Wägungen ergaben 69,320, 69,670, 69,450, 69,870, 69,820.

Der Sand wurde wieder in dünnen Lagen ausgebreitet, mit circa 145 Kilogramm Wasser versetzt und durchgearbeitet, hierauf die Versuche fortgesetzt.

19. December, Vormittag.

10°. 1) Bei 0,16 einzelne Risse. Bei **0,35** stürzten 0,95 aus der Mitte, B. L. circa 0,12. Bei **0,40** fielen rechts 0,50 ab, B. L. ca. 0,08, zweiter Riss 0,18.

10°. 2) Bei 0,24 feine Risse, bald war ein solcher längs der ganzen Wand im Abstande von 0,25 vom Rande deutlich sichtbar. Bei **0,38** fielen links plötzlich 1,10, B. L. 0,12. Bei **0,39** fielen rechts 0,60 ab, B. L. ca. 0,11.

0°. 3) Bei 0,13 Risse im Abstande 0,07, welche bald sich über die ganze Wand erstreckten. Bei **0,21** fielen links 0,70, bei **0,22** daneben 0,30. Der Rest von 0,60 Länge fiel bei **0,23**. B. L. durchgängig 0,07.

Gewichtsbestimmung: 7 Wägungen ergaben 69,950, 70,170, 70,520, 70,400, 70,250, 70,720, 70,450.

21. December, Vormittag.

10°. 1) Bei 0,19 Risse. Bei **0,33** fielen 0,75 aus der

Mitte ab, B. L. 0,08 parallel zum Rande. Bei **0,35** fielen links 0,60, B. L. 0,13 parallel zum Rande.

0°. 2) Bei 0,15 links und rechts eine Schale. Bei **0,22** fielen aus der Mitte 0,55 ab, bald darauf noch 0,25 links daneben. Der Rest von 0,40 Länge stand mit klaffenden Rissen, fiel aber auch bei **0,22**. B. L. ca. 0,05 und 0,07. Die Bruchfläche deutlich lothrecht.

0°. 3) Bei 0,15 feine Risse, bei 0,20 links eine Schale. Bei **0,21** fielen plötzlich aus der Mitte 0,65, gleich darauf daneben 0,35. Bei **0,22** legte sich die übrige Wand langsam um. B. L. 0,07, Bruchfläche lothrecht.

10°. 4) Bei 0,24 stellenweise Risse. Bei **0,38** stand die ganze Wand, sie fiel im Ganzen, als sie zur Hälfte bis auf **0,39** gebracht worden war. B. L. sehr unregelmässig.

Gewichtsbestimmung: 5 Wägungen ergaben 70,280, 70,150, 70,400, 70,100, 70,220.

In den letzten Tagen des Monats December und den ersten Wochen im Januar wurde die zweite Gruppe von Versuchen ausgeführt, durch welche die Abhängigkeit des Sandgewichtes von dem Feuchtigkeitsgehalt festgestellt werden sollte. Es ist nicht nöthig, näher auf die Versuche einzugehen, es genügt auf das Beispiel hinzuweisen, welches früher bei Beschreibung des Verfahrens gegeben worden ist. Ihr Ergebniss ist in der Tabelle 11 am Schlusse dieses Capitels zusammengestellt.

Im Monate Februar wurden die Versuche über Cohäsionshöhen wieder aufgenommen, nachdem der Sand stark genässt und dann gründlich durchgearbeitet worden war. Es hatte sich als wünschenswerth herausgestellt, noch mehr von einander verschiedene Abstichsrichtungen in Betracht zu ziehen, als bisher geschehen war.

20. Februar 1872, Vormittag.

10°. 1) Bei 0,22 feine Risse, bei 0,35 eine Ausbauchung bemerklich und Risse längs der ganzen Wand, 0,25 und 0,28 vom Rande entfernt, weiter zurück stellenweise noch ein Riss. Bei **0,40** stürzten rechts 0,80 ab, B. L. 0,13 ziemlich scharf. Bei **0,40** nach kurzer Zeit links 0,90, B. L. ganz unregelmässig.

15°. 2) Bei 0,25 feine Risse, bei 0,43 waren zwei Risse deutlich ausgeprägt, im Abstande 0,24 und 0,33 vom Rande, gleichzeitig eine Ausbauchung sichtbar. Bei **0,48** fielen plötzlich 1,10 links ab, B. L. ca. 0,14; bei **0,52** rechts 0,90, B. L. ca. 0,15.

0°. 3) Bei 0,11 Risse nahe am Rande, welche bald stark klaffend wurden. Bei **0,19** fiel die Wand in einzelnen Stücken.

Gewichtsbestimmung: 5 Wägungen ergaben 72,500, 73,130, 73,550, 73,050, 73,100.

21. Februar, Vormittag.

5°. 1) Bei 0,18 stellenweise Risse, welche bei 0,21 sich schon über die ganze Wand zickzackförmig, durchschnittlich 0,06 vom Rande, erstreckten. Bei **0,26** fielen rechts 0,40 ab, bei **0,29** in der Mitte 1,10, bei **0,31** links 0,50. Die B. L. entsprach genau dem oben beschriebenen Risse.

12,5°. 2) Bei 0,26 wurden schon Risse bemerklich, bei 0,43 sprachen sich zwei Risse in den Abständen 0,20 und 0,25 vom Rande deutlich aus. Bei **0,44** fielen rechts 1,10, bei **0,50** links 0,90 ab. Das letztere Stück mit grosser Ausbauchung. B. L. 0,14.

0°. 3) Bei 0,12 entstanden Risse, welche sich in unregelmässigem Zuge längs der Wand ausdehnten und bald weit klaffend wurden. Bei **0,22** fielen links 0,60, bei **0,23** rechts 0,50.

10°. 4) Bei 0,24 Risse nahe am **Rand**, hierauf bildete sich ein Riss aus, 0,20 vom Rande entfernt. Bei **0,40** stürzten links 0,40 ab, gleich darauf 0,50 daneben. Bei **0,46** fielen rechts 0,80 langsam um, B. L. bei diesem letzten Stück 0,12.

15". 5) Es entstand nach und nach ein Riss, 0,30 vom Rande entfernt. Bei **0,48** fielen links 0,40, bei **0,49** in der Mitte 0,60, bei **0,53** rechts 0,70. B. L. bei allen Stücken unregelmässig.

Gewichtsbestimmung: 4 Wägungen ergaben 72,970, 72,760, 73,350, 73,570.

21. Februar, Nachmittag.

15°. 6) Bei 0,46 entstanden zuerst feine Risse. Bei **0,47** fielen links plötzlich 1,10 ab, bei **0,55** rechts 0,80. B. L. unregelmässig.

10°. 7) Bei 0,35 entstanden die ersten Risse. Bei **0,37** fielen links 0,60, bei **0,40** in der Mitte 0,40. Ueber den Rest von 0,60 Länge lief im Abstande 0,25 vom **Rand** ganz parallel zu diesem ein Riss, welcher sich allmählich erweiterte. Bald wurde auch eine Ausbauchung bemerklich und es fiel dieser Theil bei **0,43**, wobei sich die B. L. ziemlich unregelmässig, durchschnittlich bei 0,10 bildete.

0°. 8) Bei 0,16 Risse. Bei **0,19** fielen links 0,35, bei **0,21** in der Mitte 0,50, bei **0,24** rechts 0,40, bei **0,25** links 0,50. B. L. ganz unregelmässig.

22. Februar, Vormittag.

5°. 1) Bei 0,20 Risse, zum Theil im Abstande 0,09 vom Rande, sonst unregelmässig. Bei **0,26** fielen links 0,50, bei **0,27** rechts 0,40, bei **0,29** die übrige Wand. B. L. zur Hälfte 0,09, sonst unregelmässig.

5°. 2) Bei 0,17 stellenweise Risse. Bei **0,29** war Ausbauchung bemerklich und es fielen links 0,50 ab, nach einiger Zeit bei **0,29** in der Mitte 0,70, zuletzt bei **0,29** der Rest rechts. B. L. unregelmässig.

12,5 °. 3) Bei 0,38 stellenweise Risse im Abstande 0,20. Bei **0,41** fielen links 1,30, bei **0,42** rechts 0,80. B. L. unregelmässig.

12,5°. 4) Bei **0,42** fielen links 0,50, bei **0,44** rechts 1,60.

10°. 5) Bei **0,35** stürzten 0,50 ab, bei **0,36** der Rest. B. L. unregelmässig.

15 °. 6) Bei **0,44** stürzten plötzlich 1,10, bei **0,45** der Rest von 0,90 Länge.

Gewichtsbestimmung: 5 Wägungen ergaben 72,750, 72,580, 72,900, 71,980, 72,450.

22. Februar, Nachmittag.

0°. 7) Bei **0,20** fiel ein Theil der Wand, bei **0,20** ein anderer Theil, bei **0,22** der Rest. B. L. unregelmässig.

24. Februar, Vormittag.

15°. 1) Bei 0,34 bildeten sich Risse. Bei **0,41** fielen rechts 0,60, bei **0,42** links 1,40. B. L. unregelmässig.

10°. 2) Bei 0,25 Risse. Bei **0,35** fielen links 0,50, bei **0,34** rechts 0,50, bei **0,36** in der Mitte 0,60. B. L. unregelmässig.

12,5°. 3) Bei **0,38** fielen links 0,50, B. L. unregelmässig. Bei **0,38** in der Mitte 0,90, B. L. 0,10, sodann ebenfalls bei **0,38** rechts 0,70, B. L. 0,09. Die Bruchfläche erschien oben überhängend.

5°. 4) Bei 0,22 Risse. Bei **0,25** fielen links 0,65, bei **0,26** rechts 1,00.

5°. 5) Bei 0,18 Risse. Die Wand fiel in drei Theilen von je 0,60 Länge bei **0,25, 0,25** und **0,30**. B. L. unregelmässig.

12,5. 6) Bei 0,35 Risse. Bei **0,36** fielen rechts 0,60, bei **0,39** links 0,80, bei **0,44** der Rest, welcher zuletzt eine starke Ausbauchung gezeigt hatte. B. L. unregelmässig.

0°. 7) Schon anfangs bröckelte sich die Wand ab. Ein Stück von 0,70 Länge erhielt sich standhaft noch bei **0,19**.

0°. 8) Der grössere Theil der Wand löste sich während der Arbeit in kleinen Theilen ab, so dass er für den Versuch unbrauchbar wurde. 2 Wandstücke von 0,50 und 0,60 Länge hielten sich bei **0,16** und **0,17**.

Gewichtsbestimmung: 5 Wägungen ergaben 72,110, 72,120, 71,300, 71,720, 72,750.

24. Februar, Nachmittag.

15°. 9) Bei 0,25 entstanden Risse. Bei **0,41** fiel die Wand in 2 Theilen.

10°. 10) Bei 0,16 Risse. Bei **0,35** fielen links 0,35, B. L. 0,09. Bei **0,35** fielen rechts 0,40, endlich bei **0,37** der Rest von 0,90 Länge in der Mitte. Bei den letzten 2 Stücken B. L. unregelmässig.

0°. 11) Bei **0,17** fielen links 0,40, bei **0,19** rechts 0,50, bei **0,20** in der Mitte 0,50. B. L. durchgängig 0,06.

Im Monat April wurde der Sand mit Wasser versetzt, bis sein Gewicht pro $1/_{20}$ Kubikmeter auf ca. 75 Kilogr. gestiegen war, hierauf den Versuchen in der üblichen Weise unterworfen.

12. April, Vormittag.

10°. 1) Bei 0,30 entstanden Risse streckenweise 0,14 vom Rand entfernt, dann gegen diesen hin verlaufend. Bei 0,35 erstreckten sie sich über die ganze Wand, theilweise scharf bei 0,20. Bald war ein Ueberhängen der Wand zu bemerken.

Bei **0,38** fielen links 0,60, bald darauf in der Mitte bei **0,38** noch 0,55. Bei 0,39 fiel rechts der Rest von 0,55 Länge. B. L. durchgängig unregelmässig.

15°. 2) Bei 0,40 stellenweise Risse, zum Theil nahe am Rand; bei 0,45 war ein Riss längs der ganzen Wand, grossentheils 0,30 vom Rand bemerklich, bald auch eine Ausbauchung. Bei **0,50** fielen links 1,20, B. L.0,14. Bei **0,51** fielen rechts 0,80, B. L. 0,12.

0°. 3) Die Wand bröckelte sich bald ab. Nur ein Stück von 0,50 Länge konnte auf **0,17** gebracht werden.

12,5°. 4) Bei 0,37 unregelmässige Risse, stellenweise 0,22 vom Rande. Am Fuss der Böschung bildete sich Ausbauchung. Bei **0,42** fielen rechts 1,30, bei **0,48** links 0,70. B. L. unregelmässig, stückweise 0,11.

5°. 5) Bei 0,20 Risse, sehr unregelmässig. Bei **0,29** fielen links 1,60, bei **0,29** nach einiger Zeit rechts 0,50. B. L. genau nach obigen Rissen.

5°. 6) Bei **0,29** fielen rechts 0,60, bei **0,30** in der Mitte 0,50, bei **0,31** links 0,65, bei **0,33** in der Mitte 0,35 mit starker Ausbauchung. B. L. durchgängig unregelmässig.

Gewichtsbestimmung: 5 Wägungen ergaben 75,770, 75,400, 75,270, 75,780, 75,450.

12. April, Nachmittag.

12,5°. 7) Bei 0,37 Risse. Bei **0,44** fielen links 0,50, bei **0,47** in der Mitte 0,90, bei **0,47** rechts 0,70. B. L. durchgängig circa 0,13.

15°. 8) Bei 0,42 Risse, 0,25 vom Rande. Bei **0,46** fielen links 1,35, bei **0,49** der Rest von 0,65 Länge. B. L. unregelmässig.

15°. 9) Bei **0,44** entstanden Risse 0,25 vom Rande entfernt und es fielen links 1,40 ab, B. L. ca. 0,12. Der Rest von 0,60 Länge fiel bei **0,47**, B. L. ca. 0,12.

10°. 10) Bei 0,29 Risse ca. 0,22. Bei **0,35** fielen 0,80, bei **0,36** der Rest von 0,90 Länge. B. L. unregelmässig.

0°. 11) Bei 0,14 Risse. Bei **0,21** fielen 0,40, bei **0,22** fielen 0,30, bei **0,23** der 0,40 lange Rest. B. L. nach den Rissen, welche sich schon bei der Höhe 0,14 gezeigt hatten.

0°. 12) Ein Stück fiel bei **0,19**, ein anderes bei **0,20**.

Gewichtsbestimmung: 5 Wägungen ergaben 74,600, 75,240, 75,830, 74,500, 75,120.

13. April, Vormittag.

10°. 1) Bei 0,32 Risse, streckenweise 0,15, 0,20, 0,23. Bei **0,38** fiel die ganze Wand. B. L. 0,10 und 0,06.

15°. 2) Bei 0,44 entstanden Risse längs der ganzen Wand, 0,28 vom Rande. Bei **0,46** fielen links 0,60, bei **0,48** in der Mitte 0,80, bei **0,47** rechts 0,60. B. L. durchgängig circa 0,13.

12,5°. 3) Bei 0,40 Risse ca. 0,25. Bei **0,42** fielen rechts 1,40, bei **0,45** links 0,70. B. L. unregelmässig.

5°. 4) Bei 0,20 Risse, theilweise nahe am Rande. Bei **0,26** fielen links 1,20, bei **0,27** rechts 0,70. B. L. unregelmässig fast ganz nach obigen Rissen. Kleine Theile blieben neben den Latten stehen.

0°. 5) Bei 0,15 Risse ca. 0,07. Bei **0,19** fielen links 0,50, bei **0,20** daneben 0,30, bei **0,21** der Rest von ca. 1,30 Länge. B. L. circa 0,07.

Gewichtsbestimmung: 5 Wägungen ergaben 75,200, 76,150, 75,650, 75,650, 75,970.

In der Tabelle 10 sind als die gültigen Endresultate der einzelnen Versuche über Cohäsionshöhen die Mittelwerthe aus den bei jedem Versuch gefundenen verschiedenen Höhen (in der Böschung gemessen) zusammengestellt, desgleichen die Mittel aus den unmittelbar nach einander erhobenen Gewichten, wobei in einer besonderen Columne die Anzahl der jedesmal zusammengefassten Gewichte angegeben ist. Zur leichteren Orientirung ist auch noch die früher eingehaltene Numerirung der Versuche und der Tag, an welchem sie angestellt wurden, beigefügt.

Tabelle 10.

Neue Versuche über Cohäsionshöhen.

| Versuchs- | | Schief gemessene Höhe bei | | | | | | Gewichts-bestimmung. | |
Tag.	Nr.	0°	5°	10°	12,5°	15°	20°	An-zahl der Wäg-ungen.	Mittleres Gewicht pro $^1/_{20}$ Kb^m.
7. Juni	1			0,320					
	2			0,290					
	3			0,295					
	4			0,280				6	71,3100
	5	0,240							
	6	0,205							
	7	0,160							
	8	0,190							
	9	0,190						3	71,3833
14. Juni	1			0,215					
	2			0,210					
	3			0,265				7	71,3700
	4	0,110							
	5	0,105							
	6	0,150							
	7	0,125							
	8	0,125							
	9			0,287				4	72,3750
16. Juni	1			0,315					
	2			0,230					
21. Juni	1			0,227					
	2			0,290					
	3					0,395		5	71,4460
28. Juni	1			0,243					
	2					0,345			
	3					0,340		3	71,7967
	4					0,335			
	5					0,345			

| Versuchs- | | Schief gemessene Höhe bei | | | | | | Gewichts-bestimmung. | |
Tag.	Nr.	0°	5°	10°	12,5°	15°	20°	Anzahl der Wägungen.	Mittleres Gewicht pro $^1/_{20}$ Kb^m.
5. Juli	1					0,327		8	71,9363
	2					0,335			
	3					0,343			
	4			0,280					
	5			0,265					
10. Juli	1					0,320		5	73,2200
	2					0,317			
12. Juli	1			0,265				5	72,1100
	2			0,265					
	3			0,270					
	4					0,345			
19. Juli	1					0,335		9	73,1100
	2			0,225					
	3			0,217					
	4			0,220					
	5			0,240					
	6					0,283			
20. Juli	1					0,270		4	72,5830
26. Juli	1					0,280		3	73,5133
28. Juli	1					0,255		7	75,0143
	2					0,260			
	3					0,270			
	4			0,230					
	5			0,225					
	6			0,185					
	7			0,203					
	8					0,247		3	75,1433

| Versuchs- | | Schief gemessene Höhe bei | | | | | | Gewichtsbestimmung. | |
Tag.	Nr.	0°	5°	10°	12,5°	15°	20°	Anzahl der Wägungen.	Mittleres Gewicht pro 1/20 Kbᵐ.
14. Aug.	1					0,255		5	74,7580
	2			0,225					
	3						0,375		
15. Aug.	1						0,327		
	2						0,350		
	3						0,360	5	74,1860
18. Aug.	1					0,227			
	2			0,200					
	3			0,205					
	4					0,263			
	5					0,240		1	75,4200
19. Aug.	1					0,310		5	74,5500
	2					0,232			
	3			0,177					
	4			0,185				1	74,8600
23. Aug.	1					0,190			
	2			0,150					
	3			0,165					
	4					0,243			
	5					0,216		6	76,8200
	6					0,208			
	7			0,165					
	8			0,165					
	9					0,238		4	76,5025
24. Aug.	1			0,197					
	2					0,245		5	75,5480
24. Nov.	1					0,183			
	2					0,190			
	3			0,155					

Versuchs-		Schief gemessene Höhe bei						Gewichts-bestimmung.	
Tag.	Nr	0°	5°	10°	12,5°	15°	20°	An-zahl der Wäg-ungen.	Mittleres Gewicht pro $^1/_{20}$ Kb^m.
25. Nov.	1			0,147					
	2						0,280		
	3						0,280	8	77,8950
27. Nov.	1					0,197			
	2					0,220			
28. Nov.	1			0,160					
	2			0,170				2	77,5600
29. Nov.	1					0,220			
	2					0,220			
	3			0,180				3	77,8133
30. Nov.	1						0,293		
	2						0,293	5	77,5960
5. Dec.	1			0,280					
	2			0,300					
	3	0,150							
	4	0,155						8	70,7050
6. Dec.	1			0,270					
	2			0,290					
	3	0,140							
	4	0,135						3	70,6667
13. Dec.	1			0,327					
	2			0,350					
	3	0,185							
	4	0,195						5	69,3480
14, Dec.	1			0,360					
	2			0,320					
	3	0,200							
	4	0,190						5	69,6260

5 *

Versuchs-		Schief gemessene Höhe bei						Gewichtsbestimmung.	
Tag.	Nr.	0°	5°	10°	12,5°	15°	20°	Anzahl der Wägungen.	Mittleres Gewicht pro $1/20$ Kb^m.
19. Dec.	1			0,375					
	2			0,385					
	3	0,220						7	70,3514
21. Dec.	1			0,340					
	2	0,220							
	3	0,215							
	4			0,385				5	70,2300
20. Febr.	1			0,400					
	2					0,500			
	3	0,190						5	73,0660
21. Febr.	1		0,287						
	2				0,470				
	3	0,225							
	4			0,430					
	5					0,500		4	73,1625
	6					0,510			
	7			0,400					
	8	0,223							
22. Febr.	1		0,273						
	2		0,290						
	3				0,415				
	4				0,430				
	5			0,355					
	6					0,445		5	72,5320
	7	0,207							
24. Febr.	1					0,415			
	2			0,350					
	3				0,380				
	4		0,255						
	5		0,267						

| Versuchs- | | Schief gemessene Höhe bei | | | | | | Gewichtsbestimmung. | |
Tag.	Nr.	0°	5°	10°	12,5°	15°	20°	Anzahl der Wägungen.	Mittleres Gewicht pro $^1/_{20}$ Kbm.
24. Febr.	6				0,397				
	7	0,190							
	8	0,165							
	9					0,410		5	72,0000
	10			0,357					
	11	0,187							
12. Apr.	1			0,383					
	2					0,505			
	3	0,170							
	4				0,450				
	5		0,290						
	6		0,308					5	75,5340
	7				0,460				
	8					0,475			
	9					0,455			
	10			0,355					
	11	0,220							
	12	0,195						5	75,0580
13. Apr.	1			0,380					
	2					0,470			
	3				0,435				
	4		0,265						
	5	0,200						5	75,7240

Die Tabelle 11 enthält das Gewicht und Volumen eines und desselben Sandquantums bei verschiedenem Wassergehalt, sodann das hieraus berechnete specifische Gewicht des Sandquantums.

Tabelle 11.

Versuche über den Zusammenhang von Wassergehalt
und Dichtigkeit des Sandes.

Gewicht des im Sandquantum enthaltenen Wassers		Des Sandquantums		Specifisches Gewicht s.*)	Bemerkungen.
in Kilogr.	in %.	Gewicht in Kilogr.	Volumen in Kb dcm.		
0,00	0,000	428,380	244,00	1,756	vollständig trocken
2,15	0,502	430,530	251,50	1,713	
5,62	1,312	434,000	267,50	1,621	
9,37	2,187	437,750	289,75	1,513	
11,25	2,626	439,630	298,00	1,476	
12,75	2,976	441,126	301,50	1,464	
14,63	3,415	443,010	309,50	1,434	
16,24	3,791	444,620	314,50	1,417	
18,14	4,235	446,520	320,00	1,402	
19,28	4,501	447,660	321,50	1,399	
21,32	4,977	449,700	327,50	1,380	
21,89	5,110	450,270	327,00	1,385	
23,54	5,495	451,920	330,50	1,377	
25,64	5,985	454,020	333,00	1,371	
27,20	6,350	455,580	337,00	1,364	
29,12	6,798	457,500	336,00	1,372	
30,32	7,078	458,700	333,00	1,387	
31,80	7,423	460,180	332,50	1,397	
33,48	7,815	461,860	331,00	1,408	
35,29	8,238	463,670	331,50	1,409	
38,52	8,992	466,900	324,00	1,453	
41,56	9,702	469,940	318,50	1,487	
43,96	10,262	472,340	311,00	1,529	
46,52	10,860	474,900	302,00	1,574	
47,48	11,084	475,860	297,00	1,614	
50,17	11,712	478,550	288,00	1,687	
54,12	12,634	482,500	258,50	1,878	
58,46	13,647	486,840	233,00	2,133	gallertartig
65,06	15,187	493,440	230,50	2,144	flüssig wie Mörtel

*) Die specifischen Gewichte sind aus den ganzen Kastenfüllungen
abgeleitet. Siehe Seite 26.

3. Capitel.

Folgerungen aus den neuen Versuchs-Resultaten.

Es ist zweckmässig, zuerst einige Bemerkungen über die besondere Gruppe von Versuchen zu machen, durch welche der Zusammenhang des Sandgewichtes mit dem Wassergehalte aufgefunden werden sollte.

Die Ergebnisse derselben, welche in Tabelle Nr. 11 zusammengestellt und durch Fig. 2 auf Tafel I graphisch versinnlicht werden, sprechen deutlich ein Gesetz aus. Es nimmt demnach die Dichtigkeit des Sandes vom Zustande der grössten Trockenheit an bis zu dem Punkte, da der Wassergehalt ca. 6,5 % des ursprünglichen Gewichtes beträgt, mit Erhöhung des Feuchtigkeitsgrades beständig ab. Von dieser Grenze an tritt sodann das umgekehrte Verhältniss ein; das Volumen der abgegrenzten Sandmasse wird nach jedem neuen Zusatze von Wasser kleiner, und zwar ganz stetig, bis der Sand bei ca. 15 % Wassergehalt die Eigenschaft, aus einander zu fliessen, annimmt.

Welches nun auch die Erklärung dieser auffallenden Erscheinung ist — vielleicht dass anfangs, wenn das Wasser in die Poren der Körnchen eindringt, eine Volumvergrösserung derselben bewirkt wird, so dass nun der Haufen ein Aggregat von grösseren Körnern darstellt als früher, später aber, wenn die Poren kein Wasser mehr aufzunehmen vermögen und das von nun an zugesetzte die Zwischenräume des Haufens erfüllt, die starke Anziehung zwischen den Körnern und dem Wasser ein dichteres Zusammenlagern derselben veranlasst, wodurch die Folge der Volumzunahme der Körnchen mehr als aufgehoben wird — jedenfalls sind wir jetzt im Stande, mit Hülfe der Tabelle Nr. 11 aus dem Gewichte des Sandes auf seinen Wassergehalt zu schliessen.*)

---

*) Da ja der Sand bei allen Versuchen in möglichst lockerer Anschüttung behandelt wurde.

Allerdings entsprechen demselben specifischen Gewichte
2 verschiedene Zustände des Sandes; derselbe hat z. B. das
specifische Gewicht von 1,4 sowohl bei einem Wassergehalt
von 4,2 % als auch von ca. 7,5 %. Es lässt sich jedoch in
jedem Falle schnell entscheiden, welcher von den beiden
Werthen der gerade gültige ist, indem man feststellt, ob
der Sand durch weiteren Zusatz von Wasser leichter oder
schwerer wird.

Was nun die Hauptgruppe von Versuchen, also jene
über Cohäsionshöhen betrifft, so tritt zunächst die Frage auf,
welche von ihnen als gleichartig zu betrachten, mit anderen
Worten, bei welchen der Feuchtigkeitsgrad des untersuchten
Sandes als gleich anzusehen sei.

So lange verschiedenartige Zustände des lockeren Sandes
durch Zusetzen von Wasser hervorgerufen und die Versuche
rasch nach einander angestellt wurden, konnte ihre Zusammen-
gehörigkeit nicht zweifelhaft sein. Anfangs jedoch, als der
aus der Grube entnommene Sand nach und nach trockner
gemacht werden musste, waren bei der Langsamkeit, mit
welcher dieser Process in dem Kellerraume vor sich ging,
sowie bei dem Umstande, dass nur wenig Zeit auf die Versuche verwendet werden konnte, dieselben desshalb oft nicht
unmittelbar hinter einander ausgeführt wurden, Uebergänge
zwischen zwei, durch das Gewicht markirte Zustände nicht
zu vermeiden.

Den Verhältnissen am besten entsprechend ist nun wohl
die Unterscheidung von 10, hinsichtlich des Wassergehaltes
verschiedenen Zuständen des lockeren Sandes, je nachdem
sein Gewicht per Kubikmeter

      1) 1560 bis 1540 Kilogramm,
      2) 1540 „ 1520   „
      3) 1520 „ 1480   „
      4) 1480 „ 1440   „
      5) 1440 „ 1400   „

6) circa 1400 Kilogramm,
7) circa 1390 „
8) circa 1400 „
9) circa 1450 „
10) circa 1500 „ beträgt.

Es ordnen sich dann die Versuche, wie folgt:

Serie I enthält dieselben vom 24. bis incl. 30. November 1871, Serie II diejenigen, welche am 23. August angestellt wurden; in Serie III werden die Versuche vom 28. Juli bis incl. 19. August, sodann jene vom 24. August zusammengefasst, in der Serie IV die des 10. Juli, sodann die vom 19. bis incl. 26. Juli; zu Serie V gehören die Arbeiten vom 7. Juni bis incl. 5. Juli, endlich jene vom 12. Juli, zur Serie VI diejenigen vom 5. und 6. December 1871; Serie VII vereinigt den 13. und 14. December, Serie VIII den 19. und 21. December; Serie IX endlich wird gebildet durch die im Februar 1872, Serie X durch die im April 1872 angestellten Versuche.

Nachdem jetzt bestimmt worden, welche von den Versuchsergebnissen als gleichartig zu vereinigen sind, fragt es sich weiter, wie diese Vereinigung geschehen soll.

Klar ist, dass zunächst die gleichnamigen, an dem gleichen Tage erhobenen Cohäsionshöhen zu einem Mittelwerthe zusammenzufassen sind, dass ferner die zusammengehörigen Mittelwerthe verschiedener Tage mit Rücksicht auf ihr Gewicht, d. h. mit Rücksicht auf die Anzahl der zu einem Mittelwerthe zusammengezogenen Einzelwerthe vereinigt werden müssen. Es ist sohin entsprechend, aus den gleichnamigen Cohäsionshöhen einer und derselben Serie, gleichviel zu welcher Zeit sie beobachtet wurden, das Mittel zu nehmen. Ganz Aehnliches gilt für das absolute Gewicht. Die in Tabelle 10 aufgeführten Gewichte sind schon Mittelwerthe aus einer Anzahl unmittelbar nach einander ausgeführter Wägungen.   Sie werden in jeder Serie zu einem neuen Mittelwerthe zusammengefasst.

Sonach concentriren sich alle Resultate der zehn Versuchsreihen auf die Zahlen im ersten Theile der Tabelle 12. Dieselbe enthält ausserdem noch die wahrheinlichen Fehler der Mittelwerthe $\frac{h}{\cos\varepsilon}$ und die Projektionen h dieser schiefen Längen auf die Lothrichtung.

Aus der nebenstehenden Tabelle 12 ist ersichtlich, dass sich der Sand unter einem bestimmten Winkel um so tiefer abstechen lässt, je grösser sein Wassergehalt ist. Es zeigt sich jedoch noch eine besondere Eigenthümlichkeit. Bildet man nämlich für zwei beliebige Böschungswinkel ε' und ε'' die Differenz $h'' - h'$ der ihnen zugehörigen Cohäsionshöhen h' und h'' in allen Serien, so findet man, dass diese Differenz um so grösser ausfällt, je höher die Seriennummer ist, je feuchter also der Sand ist, in je tiefere und desshalb dichtere Schichten also die Böschung hinunterreicht. Hieraus muss der Schluss gezogen werden, dass die dem Absturz sich entgegensetzenden Widerstände im Innern des Sandes mit der Tiefe zunehmen.

In der Tabelle 13 sind alle Differenzen eingetragen, welche man mit den vorliegenden Cohäsionshöhen bilden kann.

(Siehe Tabelle 13 auf pag. 76.)

Tabelle 12.

	Serie Nr.									
	I	II	III	IV	V	VI	VII	VIII	IX	X
Gewicht per Kubikmeter in Kilogramm.	1554,322	1533,226	1498,700	1462,132	1434,318	1413,718	1389,740	1405,814	1453,802	1508,774
Wassergewicht in %	1,855	2,025	2,353	3,005	3,415	3,880	4,726	7,744	9,013	9,995
Mittelwerth $\frac{h}{\cos s}$ für die Winkel										
0°								0,218	0,198	0,193
5°					0,160	0,145	0,193	0,371	0,274	0,288
10°	0,162	0,161	0,203	0,226	0,267	0,285	0,339		0,382	0,373
12,5°									0,418	
15°	0,205	0,219	0,255	0,301	0,346				0,463	0,448
20°	0,287		0,353							0,476
Wahrscheinlicher Fehler des Mittelwerths $\frac{h}{\cos s}$ für die Winkel										
0°								0,0011	0,0054	0,0069
5°					0,0095	0,0030	0,0022	0,0071	0,0043	0,0083
10°	0,0038	0,0025	0,0039	0,0034	0,0050	0,0043	0,0063		0,0089	0,0059
12,5°									0,0102	
15°	0,0046	0,0065	0,0045	0,0072	0,0043				0,0124	0,0048
20°	0,0025		0,0067							0,0070
Cohäsionshöhen										
h_0								0,218	0,198	0,196
h_5					0,160	0,145	0,193	0,365	0,273	0,287
h_{10}	0,160	0,159	0,200	0,223	0,263	0,281	0,334		0,376	0,367
$h_{12,5}$									0,408	
h_{15}	0,198	0,212	0,246	0,291	0,334				0,447	0,437
h_{20}	0,270		0,332							0,460

Tabelle 13.

	Serie Nr.									
	I	II	III	IV	V	VI	VII	VIII	IX	X
h_5-h_0	—	—	—	—	—	—	—	—	0,075	0,091
$h_{10}-h_0$	—	—	—	—	—	—	—	—	0,178	0,171
$h_{12,5}-h_0$	—	—	—	—	—	—	—	—	0,210	0,241
$h_{15}-h_0$	—	—	—	—	—	0,136	0,141	0,147	0,249	0,264
$h_{10}-h_6$	—	—	—	—	0,103	—	—	—	0,103	0,080
$h_{12,5}-h_6$	—	—	—	—	—	—	—	—	0,135	0,150
$h_{15}-h_6$	—	—	—	—	0,174	—	—	—	0,174	0,173
$h_{16}-h_5$	—	—	—	—	—	—	—	—	0,032	0,070
$h_{12,5}-h_{10}$	—	—	—	—	0,071	—	—	—	0,071	0,093
$h_{16}-h_{10}$	0,038	0,053	0,046	0,068	—	—	—	—	—	—
$h_{20\cdot}-h_{10}$	0,110	—	0,132	—	—	—	—	—	—	—
$h_{16}-h_{15}$	—	—	—	—	—	—	—	—	—	—
$h_{20}-h_{10}$	—	—	—	—	—	—	—	—	—	—
$h_{15}-h_{12,5}$	—	—	—	—	—	—	—	—	—	—
$h_{20}-h_{15}$	0,072	—	0,086	—	—	—	—	—	0,039	0,023

Berechnet man mit den gefundenen Daten die beiden Grössen τ und c nach den Formeln

$$c = \tfrac{1}{2}g\,h'\,\frac{\sin^2\!\left(\frac{\tau-\varepsilon'}{2}\right)}{\sin\tau\cos\varepsilon'} \quad \text{und} \quad c = \tfrac{1}{2}g\,h''\,\frac{\sin^2\!\left(\frac{\tau-\varepsilon''}{2}\right)}{\sin\tau\cos\varepsilon''}$$

Tabelle 14.

Serie Nr.

V t berechnet mit den Combinationen	I (° ′ ″)	II (° ′ ″)	III (° ′ ″)	IV (° ′ ″)	V (° ′ ″)	VI (° ′ ″)	VII (° ′ ″)	VIII (° ′ ″)	IX (° ′ ″)	X (° ′ ″)
h_0 h_5	—	—	—	—	42 51 8	34 14 42	39 39 45	41 33 50	32 38 23	28 8 5
h_0 h_{10}	—	—	—	—	45 28 51	—	—	—	35 1 14	35 37 8
h_0 $h_{12,5}$	—	—	—	—	—	—	—	—	39 11 24	36 14 51
h_0 h_{15}	—	—	—	—	—	—	—	—	42 17 16	40 55 54
h_5 h_{10}	—	—	—	—	7 49 40	—	—	—	36 59 54	44 50 34
h_5 $h_{12,5}$	—	—	—	—	—	—	—	—	43 19 8	41 53 34
h_5 h_{15}	—	—	—	—	— 46 40	—	—	—	47 1 26	48 31 18
h_{10} $h_{12,5}$	—	44 14 40	54 25 37	— 46 26	—	—	—	—	62 56 46	38 3 42
h_{10} h_{15}	53 14 19	—	50 14 40	37 46 26	—	—	—	—	61 21 31	51 56 23
h_{10} h_{20}	49 10 58	—	—	—	—	—	—	—	—	—
$h_{12,5}$ h_{15}	46 38 51	—	47 36 21	—	—	—	—	—	59 59 48	85 16 14
h_{15} h_{20}	—	—	—	—	—	—	—	—	—	—

aus welchem

$$\text{tg}\frac{\tau}{2} = \frac{\sqrt{h''(\sec\varepsilon''-1)} - \sqrt{h'(\sec\varepsilon'-1)}}{\sqrt{h''(\sec\varepsilon''+1)} - \sqrt{h'(\sec\varepsilon'+1)}} \qquad (\text{I}$$

folgt, indem man immer je zwei Cohäsionshöhen einer Serie sammt den ihnen zugehörigen Winkeln einsetzt, so findet man die in den Tabellen 14 und 15 zusammengestellten Werthe.

Tabelle 15.

c in Kilogramm pr. □^m berechnet mit den Combinationen	I	II	III	IV	V	VI	VII	VIII	IX	X
h_0 / h_5	—	—	—	—	22,51	15,79	24,18	29,08	21,07	18,53
h_0 / h_{10}	—	—	—	—	—	—	—	—	22,70	23,75
h_0 / $h_{12,5}$	—	—	—	—	24,05	—	—	—	25,62	24,20
h_0 / h_{15}	—	—	—	22,29	—	—	—	—	27,83	27,59
h_0 / h_{20}	—	—	26,73	—	—	—	—	—	25,14	35,77
h_5 / h_{10}	—	—	23,42	—	—	—	—	—	31,27	32,58
h_5 / $h_{12,5}$	—	15,33	—	—	—	—	—	—	35,00	39,86
h_5 / h_{15}	21,33	—	—	—	—	—	—	—	—	26,83
h_5 / h_{16}	18,70	—	—	—	—	—	—	—	61,96	45,77
h_{10} / $h_{12,5}$	—	—	—	—	—	—	—	—	59,41	—
h_{10} / h_{15}	16,29	—	20,39	—	29,03	—	—	—	56,91	119,34
h_{10} / h_{16}	—	—	—	—	—	—	—	—	—	—
h_{10} / h_{20}	—	—	—	—	—	—	—	—	—	—
$h_{12,5}$ / h_{15}	—	—	—	—	—	—	—	—	—	—
$h_{12,5}$ / h_{16}	—	—	—	—	—	—	—	—	—	—
h_{15} / h_{20}	—	—	—	—	—	—	—	—	—	—

Die Ergebnisse der Rechnung sind überraschend. Während man erwarten musste, für je zwei Cohäsionshöhen derselben Serie nahezu gleiche Werthe für τ und ebenso für c zu finden, fallen diese durchgängig sehr ungleich aus (so dass z. B. in Serie X der Winkel τ zwischen den Grenzen 28° und 85° liegt) und es lässt sich dabei eine gewisse Gesetzmässigkeit deutlich erkennen.

Bedeuten h_0, h_1, h_2 . . . . . die einen und denselben Zustand des Sandes repräsentirenden oder einer und derselben Serie angehörigen Cohäsionshöhen und ε_0, ε_1, ε_2 . . . . die ihnen entsprechenden Winkel der Böschung mit dem Lothe, für welche stattfindet

$h_0 < h_1 < h_2 < h_3 < \ldots$ und folglich auch $\varepsilon_0 < \varepsilon_1 < \varepsilon_2 \ldots$, bezeichnet man ferner mit τ_0, $\tau_0{}'$, $\tau_0{}'' \ldots$, τ_1, $\tau_1{}'$, $\tau_1{}'' \ldots$, τ_2, $\tau_2{}'$, $\tau_2{}'' \ldots$ und mit c_0, $c_0{}'$, $c_0{}'' \ldots$, c_1, $c_1{}'$, $c_1{}'' \ldots$ die Werthe von τ und c, welche sich für die Combinationen $h_0\,h_1$, $h_0\,h_2$, $h_0\,h_3 \ldots h_1\,h_2$, $h_1\,h_3 \ldots h_2\,h_3$, $h_2\,h_4 \ldots$ ergeben, so zeigt sich immer entweder

$$\tau_0 < \tau_0{}' < \tau_0{}'' < \ldots$$

oder
$$\tau_0 > \tau_0{}' > \tau_0{}'' > \ldots$$

$$\tau_1 < \tau_1{}' < \tau_1{}'' < \ldots$$

oder
$$\tau_1 > \tau_1{}' > \tau_1{}'' > \ldots\ldots\ldots$$

Wie die Werthe von τ verhalten sich auch jene von c.

Wenn man vorerst von dieser Gesetzmässigkeit absieht, so kann der Grund von auffallenden Differenzen zwischen den Werthen von τ oder c nur in der Unzulänglichkeit der Versuche oder aber in der Unrichtigkeit der Gleichung liegen.

Besitzt nun auch das Resultat des einzelnen Versuchs einen grossen wahrscheinlichen Fehler, was in der Natur der Sache liegt und früher ausführlicher besprochen worden ist, so verdient doch das Mittel aus mehreren, und zuweilen vielen beobachteten Werthen wohl Vertrauen, welches bei mir allerdings zuversichtlich ist, nachdem sämmtliche

Versuche ohne Ausnahme von mir und unter meinen Augen gewissenhaft durchgeführt worden sind. Bei der erwähnten Gesetzmässigkeit in den Werthen von τ und c, welche bei ihrem durchgängigen Auftreten nicht zufällig sein kann, ist es freilich nicht mehr zweifelhaft, dass die bis jetzt als richtig angenommene Gleichung für die Cohäsionshöhe auf falschen Voraussetzungen beruht und dass folglich auch der vielversprechende und verhältnissmässig leicht und sicher einzuschlagende Weg, Reibung und Cohäsion, beide aus beobachteten Cohäsionshöhen rechnerisch abzuleiten, vorerst unbrauchbar ist.

Schon aus diesem Grunde wäre also die Aufstellung einer neuen Gleichung von grossem Werth.

Zu diesem Zweck kann man nun zurückgehen auf die Voraussetzungen, welche bei Entwicklung der fraglichen Gleichung gemacht worden sind, diese einzeln prüfen, statt der einen oder anderen eine neue wahrscheinliche Annahme machen und zusehen, ob die dann sich ergebende Gleichung mit den Versuchen übereinstimmt.

Dieser Weg ist begreiflicher Weise sehr unsicher. Es müsste als ein Glücksfall angesehen werden, wenn die aus einer ausserordentlich grossen Zahl von möglichen Hypothesen herausgegriffenen sich als die richtigen erwiesen; man müsste gefasst sein, nach langwierigen Rechnungen immer wieder überzeugt zu werden, dass dieselben unpassend gewählt waren.

Ich hätte desshalb schwerlich diesen Weg versucht, spräche sich nicht in den 10 Versuchsreihen sehr deutlich eine Zunahme der Cohäsion (vielleicht gleichzeitig der Reibung) mit der Tiefe aus, so dass durch Berücksichtigung dieses Verhältnisses eine Umgestaltung der bisherigen Gleichung, welche auf der Annahme einer constanten Reibung und Cohäsion in der ganzen Ausdehnung der ebenen Bruchfläche beruht, möglicher Weise leicht geschehen konnte.

Da sämmtliche Abstichsböschungen nur in mässige Tiefen hinunterreichen, eine Aenderung des Reibungscoefficienten innerhalb der durchschnittenen Schichten deshalb keinesfalls bedeutend sein kann, so behielt ich denselben vorerst constant bei, setzte dagegen nach A u d o y *) die Cohäsion allgemein als Funktion der Tiefe ein. Für mehrere Annahmen dieser Funktion erhielt ich jedoch kein brauchbares Resultat; es blieb die grosse Verschiedenheit zwischen den, einer und derselben Serie angehörigen Werthen von τ, nur deren Grösse änderte sich mit der Hypothese.

Nachdem auf solche Weise keine entsprechende Umgestaltung zu erzielen war, führte ich unter Beibehaltung aller sonstigen Voraussetzungen eine mit der Tiefe veränderliche Reibung ein, trotz der geringen Wahrscheinlichkeit, welche dieser Annahme jetzt zuerkannt werden musste.

Um so auffallender war der Erfolg; es entstand eine Gleichung, welche die Bedingung, für die verschiedenen Cohäsionshöhen derselben Serie nahezu gleiche Werthe von τ zu geben, viel besser erfüllte. Setzt man nämlich in die, schon von F r a n ç a i s für die Cohäsionshöhe aufgestellte Gleichung

$$c = \frac{gh}{2}\left(\operatorname{tg}\frac{\tau+\varepsilon}{2} - \operatorname{tg}\varepsilon\right)\left\{\cos^2\frac{\tau+\varepsilon}{2} - f.\sin\frac{\tau+\varepsilon}{2}\cos\frac{\tau+\varepsilon}{2}\right\}$$

einen veränderlichen Reibungscoefficienten

$$f = \frac{\operatorname{cotg}\tau}{\cos\varepsilon}$$

ein, welcher um so grösser wird, je grösser man den Böschungswinkel ε wählt, in je tiefere Schichten man also hinabgräbt, so erhält man nach einigen Umformungen:

---

*) Mémorial de l'officier du génie Nr. 1. Eine Mittheilung hierüber in dem Anhange zu dem von J. W. Lahmeyer aus dem Französischen übersetzten Werke: Ueber die Stabilität der Erdbekleidungen und deren Fundamente von Poncelet, Braunschweig 1844.

$$c = \frac{gh}{4\sin\tau\cos\varepsilon} \left\{ \sin(\tau+\varepsilon)\left[\sin\tau\cos\varepsilon + \sin\varepsilon\frac{\cos\tau}{\cos\varepsilon}\right] - \right.$$

$$\left. - \cos\tau\left[1 - \cos(\tau+\varepsilon)\right] - \sin\varepsilon\sin\tau\left[1 + \cos(\tau+\varepsilon)\right] \right\}$$

oder $\quad c = \dfrac{gh\cos^2\tau}{4\sin\tau\cos^2\varepsilon} \left\{ \cos\varepsilon\,\mathrm{tg}^2\tau - \dfrac{\cos\varepsilon}{\cos\tau}\left[1 + \sin\varepsilon\,\mathrm{tg}\tau\right] + 1 \right\}$

oder aber, wenn man den Quotienten $\dfrac{\cos\varepsilon}{\cos\tau} = a$ als constant annimmt, was in der That der Fall ist nach Einsetzen eines wahrscheinlichen Werthes von τ in denselben,

$$c = \frac{gh\cos^2\tau}{4\sin\tau\cos^2\varepsilon} \left\{ \cos\varepsilon\,\mathrm{tg}^2\tau - a\sin\varepsilon\,\mathrm{tg}\tau - (a-1) \right\}$$

Es erscheint dann $\mathrm{tg}\tau$ statt in der vierten Potenz nur in der zweiten und ergibt sich für zwei beobachtete Cohäsionshöhen h_1 und h_2 sammt den ihnen zugehörigen Winkeln ε_1 und ε_2 aus den beiden Gleichungen:

$$c = \frac{gh_1\cos^2\tau}{4\sin\tau\cos^2\varepsilon_1} \left\{ \cos\varepsilon_1\,\mathrm{tg}^2\tau - a_1\sin\varepsilon_1\,\mathrm{tg}\tau - (a_1-1) \right\} \Bigg\}$$

$$c = \frac{gh_2\cos^2\tau}{4\sin\tau\cos^2\varepsilon_2} \left\{ \cos\varepsilon_2\,\mathrm{tg}^2\tau - a_2\sin\varepsilon_2\,\mathrm{tg}\tau - (a_2-1) \right\} \Bigg\}$$

oder nach Elimination von c als Wurzel der quadratischen Gleichung

$$\mathrm{tg}^2\tau\left[h_2\cos\varepsilon_1 - h_1\cos\varepsilon_2\right] - \mathrm{tg}\tau\left[a_2 h_2\cos\varepsilon_1\mathrm{tg}\varepsilon_2 - a_1 h_1\cos\varepsilon_2\mathrm{tg}\varepsilon_1\right] -$$

$$- \left[\frac{a_2-1}{\cos\varepsilon_2}h_2\cos\varepsilon_1 - \frac{a_1-1}{\cos\varepsilon_1}h_1\cos\varepsilon_2\right] = 0 \ldots \text{.} \tag{II}$$

Die numerische Auflösung derselben ist bei der einfachen Bildung ihrer Coefficienten rasch ausführbar, auch ist man nach einigem Probiren im Stande, den richtigen Werth der

Quotienten $a_2 = \dfrac{\cos\varepsilon_2}{\cos\tau}$ und $a_1 = \dfrac{\cos\varepsilon_1}{\cos\tau}$ anzunehmen. Es ergeben sich für die zehn Versuchsreihen die Zahlen der Tabelle 16, wozu bemerkt werden muss, dass die Annäherung nur soweit getrieben ist, dass die dort angegebenen Mittelwerthe von τ noch um ca. $\pm$ 10 Minuten von dem Mittel aus den Wurzeln der Gleichung vierten Grades abweichen können.

(Tabelle 16 auf Seite 84.)

Man sieht, die zu derselben Serie gehörigen Werthe von τ zeigen zwar noch immer jene Gesetzmässigkeit, welche früher hervorgehoben worden ist, doch weichen sie jetzt in der Grösse viel weniger von einander ab. Freilich sind die Mittelwerthe aus ihnen fast bei allen Serien noch immer nicht mit den sonstigen Erfahrungen übereinstimmend. Um weitere Verbesserungen nach beiden Richtungen hin zu erzielen, passte ich von jetzt an die Gleichung rein empirisch den Versuchsresultaten an. Ich erhielt so durch Annahme der Quotienten

$$a_2 = 2\cos\varepsilon_2 \text{ und } a_1 = 2\cos\varepsilon_1$$

zunächst die Gleichung:

$$\operatorname{tg}^2\tau\,(h_2\cos\varepsilon_1 - h_1\cos\varepsilon_2) - \operatorname{tg}\tau\left[2h_2\cos\varepsilon_1\sin\varepsilon_2 - 2h_1\cos\varepsilon_2\sin\varepsilon_1\right] -$$

$$- \left[(2-\sec\varepsilon_2)\,h_2\cos\varepsilon_1 - (2-\sec\varepsilon_1)\,h_1\cos\varepsilon_2\right] = 0 \cdots \text{(III}$$

welche viel bessere Mittelwerthe von τ liefert, ohne dass die zusammengehörigen Werthe dieses Winkels grössere Differenzen aufweisen als früher. Es geht diess aus Tabelle 17 hervor, welche die Ergebnisse der Rechnung enthält.

Tabelle 16.

Serie Nr.

τ berechnet mit den Combinationen		I cos ε cos(54°0)	II cos ε cos(47°25)	III cos ε cos(55°0)	IV cos ε cos(49°43)	V cos ε cos(48 0)	VI cos ε cos(35°18)	VII cos ε cos(40°42)	VIII cos ε cos(42°46)	IX cos ε cos(47°45)	X cos ε cos(47°0)
h_0	h_5	—	—	—	—	47 0	35 16	40 43	42 45	43 50	42 5
h_0	h_{10}	—	—	—	—	—	—	—	—	44 50	44 24
h_0	$h_{12,5}$	—	—	—	—	—	—	—	—	46 2	44 45
h_0	h_{15}	—	—	—	—	47 56	—	—	—	46 57	46 2
h_5	h_{10}	—	—	—	—	—	—	—	—	45 32	46 55
h_5	$h_{12,5}$	—	—	—	—	—	—	—	—	47 13	46 17
h_5	h_{15}	—	—	—	—	—	—	—	—	48 12	47 59
h_{10}	$h_{12,5}$	54 35	47 25	55 38	49 43	49 9	—	—	—	52 5	45 34
h_{10}	h_{15}	53 54	—	54 56	—	—	—	—	—	51 41	48 51
h_{10}	h_{20}	—	—	—	—	—	—	—	—	—	—
$h_{12,5}$	h_{15}	53 32	—	54 32	—	—	—	—	—	51 21	56 59
h_{15}	h_{20}	—	—	—	—	—	—	—	—	—	—
Mittel		54 0	47 25	55 2	49 43	48 2	35 16	40 43	42 45	47 46	46 59

Tabelle 17.

Serie Nr.

berechnet mit den Combinationen $z\vee$		I°	I′	II°	II′	III°	III′	IV°	IV′	V°	V′	VI°	VI′	VII°	VII′	VIII°	VIII′	IX°	IX′	X°	X′
h_0	h_5	—	—	—	—	—	—	—	—	—	—	—	—	—	—	—	—	53	36	52	31
h_0	h_{10}	—	—	—	—	—	—	—	—	56	24	54	27	55	41	56	7	54	37	54	46
h_0	$h_{12,5}$	—	—	—	—	—	—	—	—	—	—	—	—	—	—	—	—	55	47	55	9
h_0	h_{15}	—	—	—	—	—	—	—	—	57	22	—	—	—	—	—	—	56	41	56	24
h_5	h_{10}	—	—	—	—	—	—	—	—	—	—	—	—	—	—	—	—	55	21	57	5
h_5	$h_{12,5}$	—	—	—	—	—	—	—	—	—	—	—	—	—	—	—	—	56	55	56	37
h_5	h_{15}	—	—	—	—	—	—	57	57	58	38	—	—	—	—	—	—	57	52	58	11
h_{10}	$h_{12,5}$	59	20	57	30	59	35	—	—	—	—	—	—	—	—	—	—	61	16	56	3
h_{10}	h_{15}	58	46	—	—	58	59	—	—	—	—	—	—	—	—	—	—	61	0	59	5
h_{10}	h_{20}	—	—	—	—	—	—	—	—	—	—	—	—	—	—	—	—	—	—	—	—
$h_{12,5}$	h_{15}	58	28	—	—	58	39	—	—	—	—	—	—	—	—	—	—	60	46	65	49
h_{15}	h_{20}	—	—	—	—	—	—	—	—	—	—	—	—	—	—	—	—	—	—	—	—
Mittel		58	51	57	30	58	59	57	57	57	28	54	27	55	41	56	7	57	23	57	10

Durch Aenderung des von $\operatorname{tg}\tau$ freien Gliedes in der Gleichung III lässt sich endlich noch die folgende bilden:

$$\operatorname{tg}^2\tau\left[h_2\cos\varepsilon_1 - h_1\cos\varepsilon_2\right] - \operatorname{tg}\tau\left[2h_2\cos\varepsilon_1\sin\varepsilon_2 - 2h_1\cos\varepsilon_2\sin\varepsilon_1\right]$$

$$-\left[(2\cos\varepsilon_2 - 1)\,h_2\cos\varepsilon_1\cos^6\varepsilon_2 - (2\cos\varepsilon_1 - 1)\,h_1\cos\varepsilon_2\cos^7\varepsilon_1\right]$$

$$= 0 \qquad\qquad\text{(IV}$$

welche für die Beobachtungsgrössen der zehn Versuchsreihen die Zahlen der nebenstehenden Tabelle 18 liefert.

Welches ist nun das Endergebniss aller mit der als unrichtig erkannten bisherigen Gleichung vorgenommenen Operationen? Es ist eine neue Funktion

$$\operatorname{tg}\tau = \psi\,(h_1,\ h_2,\ \varepsilon_1,\ \varepsilon_2)$$

welche die nothwendige Bedingung, mit den Cohäsionshöhen derselben Serie gleiche Werthe zu ergeben, ganz befriedigend erfüllt und dabei Mittelwerthe liefert, welche nicht unwahrscheinlich sind, wenn sie auch etwas kleiner ausfallen, als man bisher anzunehmen berechtigt war. Sie passt demnach für das Sandmaterial, welches den Versuchen unterzogen worden ist, wenigstens bei Aufschüttungshöhen, wie sie hier in Betracht gekommen sind. Ob sie auch für andere Verhältnisse und besonders für andere Materialien gilt, muss erst durch besondere Versuche dargethan werden.

Tabelle 18.

Serie Nr.

berechnet mit den Combinationen	I	II	III	IV	V	VI	VII	VIII	IX	X
$h_0\ h_5$	—	—	—	—	54 6	52 22	53 27	—	52 37	51 38
$h_0\ h_{10}$	—	—	—	—	53 46	—	—	53 50	52 31	52 38
$h_0\ h_{12,5}$	—	—	—	—	—	—	—	—	52 58	52 25
$h_0\ h_{15}$	—	—	—	—	—	—	—	—	53 9	52 55
$h_5\ h_{10}$	—	—	—	—	—	—	—	—	52 32	53 59
$h_5\ h_{12,5}$	—	—	—	—	—	—	—	—	53 15	53 4
$h_5\ h_{15}$	—	—	—	—	53 46	—	—	—	53 28	53 44
$h_{10}\ h_{12,5}$	54 20	52 55	54 32	53 15	—	—	—	—	57 16	52 41
$h_{10}\ h_{15}$	52 50	—	52 58	—	—	—	—	—	55 46	54 7
$h_{10}\ h_{20}$	—	—	—	—	—	—	—	—	—	—
$h_{12,5}\ h_{15}$	52 53	—	53 0	—	—	—	—	—	56 27	61 47
$h_{15}\ h_{20}$	—	—	—	—	—	—	—	—	—	—
Mittel	53 21	52 55	53 30	53 15	53 53	52 22	53 27	53 50	54 0	53 54

Druckfehler.

Seite 42 Zeile 14 von oben lies „welcher" statt „welche".
Seite 70 letzte Zeile lies „Seite 38" statt „Seite 26".
Seite 78 erste Zeile lies „welchen" statt „welchem".

Kgl. Hofbuchdruckerei von Dr. C. Wolf & Sohn.

y

1,756

Abs
Ord

2,0

2,1

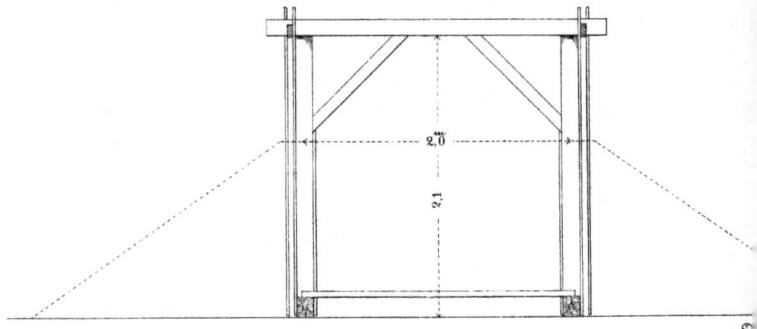

Fig. 3,4,5 stellen die Horizontalprojection
von Bruchlinien vor.

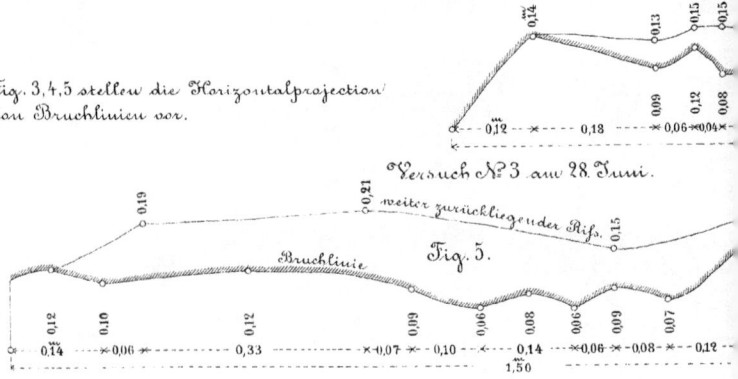

0,14

0,13 0,15 0,15

0,09 0,12 0,08

0,12 0,18 0,06 0,04

Versuch № 3. am 28. Juni.

0,21

0,19 weiter zurückliegender Riß. 0,15

Bruchlinie Fig. 5.

0,12 0,10 0,12 0,09 0,06 0,08 0,06 0,09 0,07

0,14 0,06 0,33 0,07 0,10 0,14 0,06 0,08 0,12

1,50

ug und Cohäsion von Erdarten.

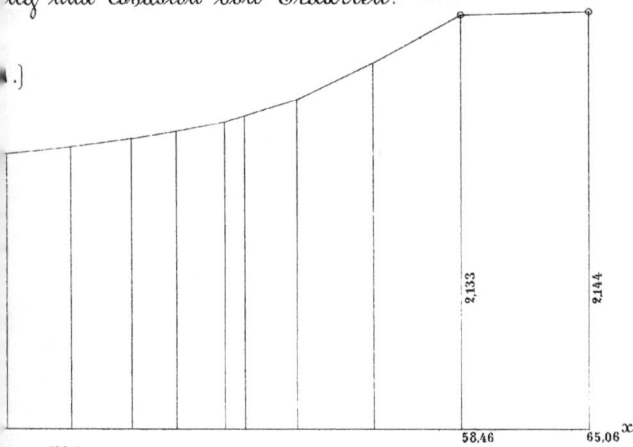

.)

2,133   2,144

58,46   65,06 x

in Kilogr.
Gewicht.

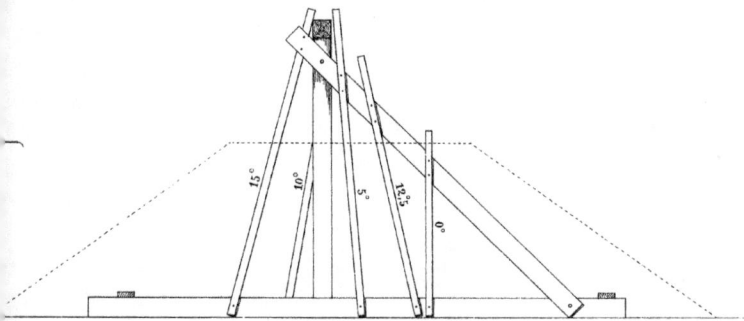

10. Juli.

0,14   0,13   0,13

0,05   0,07   0,07

05 - - - - 0,20 - - - ✕ - - 0,10 - ✕ - - - 0,20

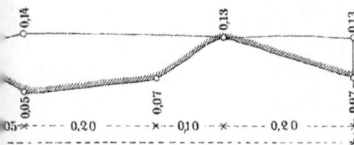

Versuch № 1 am 10. Juli.

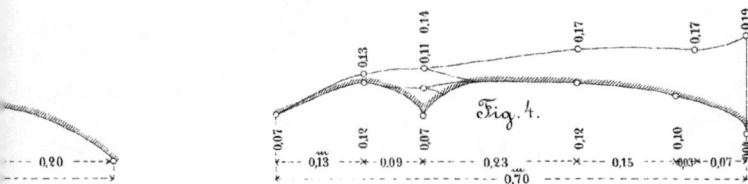

0,11 0,14   0,17   0,17   0,19

0,13

0,07   0,12   0,07   0,12   0,10   0,04

Fig. 4.

0,20   0,13 - - - 0,09 - ✕ - - - 0,23 - - - - - ✕ - - 0,15 - - - 0,03 - 0,07

0,70

www.ingramcontent.com/pod-product-compliance
Lightning Source LLC
Chambersburg PA
CBHW031449180326
41458CB00002B/707